灯芯绒⑥

U0203629

灯芯绒的亲情菜

河南科学技术出版社

· 郑州 ·

图书在版编目（CIP）数据

灯芯绒的亲情菜/灯芯绒著. —郑州：河南科学技术出版社，2013.2

ISBN 978-7-5349-6072-7

Ⅰ．①灯… Ⅱ．①灯… Ⅲ．①家常菜肴-菜谱 Ⅳ．①TS972.12

中国版本图书馆CIP数据核字（2012）第304925号

出版发行：河南科学技术出版社

地址：郑州市经五路66号　邮编：450002

电话：（0371）65737028　65788613

网址：www.hnstp.cn

策划编辑：李　洁

责任编辑：李　洁

责任校对：杨　莉

封面设计：张　伟

版式设计：范松龄

责任印制：张艳芳

印　　刷：北京盛通印刷股份有限公司

经　　销：全国新华书店

幅面尺寸：170 mm×235 mm　　印张：10　　字数：150 千字

版　　次：2013年2月第1版　　2013年2月第1次印刷

定　　价：29.80元

有爱的食物，是天下最美的食物

食物的美，关乎味道，关乎心情。

记忆中那些熟悉的味道，承载着往日多少难忘的时光。

小时候，我们吃着爷爷奶奶、外公外婆、爸爸妈妈给我们做的可口饭菜，长大后，我们又如当年长辈们待我们一样，精心打造娃儿们喜欢的美味佳肴。

每天，每年，食物就在我们和我们爱的人之间，忠实低调地承载着、传递着爱与关怀。我们在它身上付出的多一点，它回馈给我们的就更多一些。

不经意间，日子就在一日三餐中穿行，时光就在灶膛上跳跃的烟火和餐桌上的欢声笑语间流淌。一年又一年，亲情与爱就在柴米油盐的平凡生活中延续。

相同的食材，因烹制者的不同心情，即便是采用相同的手法，烹制出来的食物味道也会风格迥异。

有爱的食物，是天下最美的食物。

全天下再顶级的厨师也盖不过妈妈的手艺。

妈妈味儿的饭食儿香，独树一帜，无可替代，是记忆中的唯一，永远飘香在心间、脑海。

人的愿望有大有小，有些愿望就算我们终其一生也无法实现。而给爱的人多留一份记忆中熟悉的味道，多留一份记忆中贴心的味道，多留一份记忆中难忘的味道，我们每一个人都能够做到。

这样的幸福，触手可及，只要我们愿意。

别说它小，别嫌它琐碎，小幸福积攒多了，就是大幸福。

不在乎厨房有多简陋，不在乎餐厅有多狭小，不在乎吃的是什么，只要一家人和和美美，围坐一团，一个淳朴的手工馒头，一碗热乎的白粥，一碟简单的小菜，也能吃出世间最美、最香、最醇的滋味。这熟悉的场景，这温馨的画面，这随性简单的家常饭，也许会成为温暖我们一生、相伴我们一生的回忆。

爱美食，爱家，爱生活，爱阳光，让我们和爱的人一起，做好每一餐，吃好每顿饭，踏踏实实过好每一天。

灯芯绒

关于食材的量化

在本书中，所有的食材我都没有标明具体的用量。

为什么呢？

其实我经常会被博友问，××包子中酵母、水、面粉的具体用量，或是××菜式中主材和调味料的具体用量，但我向来认为，这些并不是也不应该成为美食DIY（自己动手做）中多大的问题。

你看见多少大厨或是家庭"煮"妇（夫）在厨间忙碌，总是不停地用电子秤和量勺量杯称来量去的？（当然烘焙除外哈。）

我是从来不用这些的，凭的就是感觉。

有人说，可我是新手啊，我没数。我也曾是新手，第一次没数，第二次、第三次不就有数了？感觉，是随自己的熟练程度和实践经验不断积累而提升的。

比如酵母的用量，有的资料上说面粉的3%，有的说5%，同样500克面粉，有的博主用3克酵母，有的博主用4克酵母，有的博主用5克酵母，你到底该听哪个的？

要我说，谁也别信，就信自己。

季节不同，室温不同，面粉的吸水性不同，每个人的操作手法也不尽相同，所以材料的用量它也不是固定的，是可以灵活变化的。

你这次的面团用的发酵时间嫌长了，那下次就可以在原有面粉和水的情况下适当增加些酵母的用量。你这次的水放多了，面和软了，可以顺手添加些面粉调整下面团的软硬度，并记得下次同量的面粉要少加点水。

主妇做到现在，我还是个水多了加面、面多了加水的主儿，但也不至于离谱。

触类旁通，做菜也同理。咱们所用的食材产地和品质不同，每个人的咸淡口味不同，每家的锅具、炉灶还有个人的烹饪手法也不尽相同，盲目地根据他人食谱的定量来生搬硬套是不可取的，这样也很难做出适合自己和家人口味的饭菜。

勤练，揣摩，一切都不是问题。不存在技术的高低，唯有用心和熟练程度的差别，这个道理，不仅仅适用于烹饪。

目录 CONTENTS

PART1 记忆中那些熟悉的味道

妈妈的酱汁和腌泡菜

妈妈的农家饭

PART2 记忆中那些贴心的味道

PART3　记忆中那些美妙的味道

Part ①

记忆中那些熟悉的味道

妈妈的酱汁和腌泡菜
妈妈的农家饭

在家的时候，每个人都习惯和依赖于家里的饭菜口味，可时间长了，难免产生视觉和味觉疲劳，可某一日，真正远走他乡，朝思暮想和日夜牵挂的却正是那份熟悉的家常饭菜香。

对于一个城市的眷恋，大凡因为这城市里面有着自己的青春和爱的人；对于食物的迷恋，大凡因为与食物相关的记忆和情感。和那些食物紧密相连的年少和青葱光阴，以及食物里面承载着的浓浓的亲情与爱，早已超越了食物本身带给我们的单纯味蕾体验。

如今想来，小时候物质生活虽然很贫乏，但其实那时候的我们乐趣多多啊！给孩子们诉说往事的时候，我们可以自豪地说：我们家的那两棵香椿树啊，我们家的院子啊，我们家的那口井啊，我们家的那块地啊，我们家的那头驴啊，我们家的那匹马啊，我们家的那些庄稼啊……还有依附在它们身上的欢乐以及飘荡在蓝天旷野中的欢歌……

『童年时吃过的美食，往往一辈子都惦念着。只因为那里面有一种熟悉的味道。』母亲的味道，外婆的味道……奶奶的味道……

那是家的味道，爱的味道。

灯芯绒

主要原料

辣椒面、芝麻、盐、白糖、植物油、醋、葱、姜、蒜、八角、桂皮、香叶、花椒

麻辣红油

做法

1. 姜切丝，蒜切片，葱切段。

2. 八角、桂皮、香叶、花椒冲洗干净，晾干。

3. 辣椒面、芝麻、盐和白糖盛装在无水耐热的碗内。

4. 起油锅，放宽油，冷油下入葱姜蒜、八角、桂皮、香叶、花椒，小火慢炸。

5. 至葱姜蒜变黄，香味飘出，捞出油内所有的香料不要。

6. 关火，稍等片刻，舀一部分热油进碗，以盖过碗里的主要原料为宜，并用勺子马上搅拌。

7. 重新加热锅内的油，稍凉后全部浇入碗内，添加少量凉开水和几滴醋，激发出香味，静置即可。

主要原料

芝麻酱、甜面酱、豆豉辣酱、蒜、香油、盐、白糖、香醋、生抽

做法

1. 蒜拍扁，剁成碎末，添加凉开水浸泡10分钟。

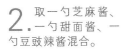 

2. 取一勺芝麻酱、一勺甜面酱、一勺豆豉辣酱混合。

3. 添加泡好的蒜汁搅匀；根据口味酌情添加香油、盐、白糖、香醋和生抽再次搅匀。

凉 拌 酱 汁

温馨提示：

1. 甜面酱可以用豆面酱或黄豆酱替代，辣酱可以选择自己喜欢的品牌。
2. 各种酱的添加比例可以按自己的口味随意调整。

香辣孜然肉酱

主要原料

猪肉（三肥七瘦）、洋葱、植物油、甜面酱、豆面酱、辣椒面、孜然粒、料酒、味精

做法

1. 洋葱、猪肉切丁备用。

2. 起油锅，油热后，倒入洋葱碎，小火炒至洋葱碎金黄时盛出洋葱碎和葱油。

3. 辣椒面和孜然粒放入碗中，油烧热后，分三次浇入碗中做成红椒孜然油。

4. 另起油锅，油热后，下入肉丁中火煸炒，尽量炒出肥肉中的油，至肉丁呈金黄色。

5. 放入料酒，下入一袋甜面酱和四分之一袋豆面酱，用中火翻炒。

6. 锅内均匀起泡时，倒入炒好的葱油、洋葱碎和红椒孜然油，调入味精，搅拌均匀，即可出锅。

温馨提示：

1. 肉选三分肥七分瘦，炒出来的肉酱会格外香，若是在意猪油，也可换成纯瘦肉。
2. 甜面酱和豆面酱按4：1的比例添加，单纯用甜面酱，口味太轻，添加些豆面酱，咸淡适口，风味更佳。
3. 炒洋葱碎时，一定要用慢火煎炒至金黄，这样炒出的葱油和洋葱碎最香。
4. 炒肉丁时，可以根据具体情况倒出部分控出的猪油，但也要适当留一部分，否则下一步炒酱容易粘锅。
5. 用热油分三次泼洒辣椒面，炸出的红油又香又辣味道足。
6. 整个过程避免用大火，防止酱炒糊。
7. 炒好的酱装在无水、密闭的容器中，随取随用。

主要原料

小萝卜、嫩豇豆、尖椒、盐、花椒、八角、香叶

家常小咸菜

做法

1. 小萝卜、嫩豇豆、尖椒洗净控干，平摊在盖帘上，放在太阳下晾晒一天。

2. 盐、花椒、八角、香叶放入锅中，加水烧开，彻底凉凉，然后把晒蔫的蔬菜去根去蒂，放入凉好的盐水中，静置一天。

3. 待腌制一天的蔬菜发软，体积缩小，把它们移入无油无水的小盆中，先码入辣椒，再码入嫩豇豆，最后码入小萝卜，然后把盐水倒入，用保鲜膜封好，放入冰箱冷藏室，20天以后取出食用。

温馨提示：

1. 腌制咸菜最好选用专用咸菜坛子或是密闭的玻璃器皿，不要选用铁制和铝制的器皿。
2. 蔬菜的种类可以按自己的喜好自由选择添加。
3. 豇豆要选择细嫩的，腌制出来口感才会脆爽，老豇豆不适合腌制。
4. 咸菜腌制的过程中，中间要翻动几次，便于蔬菜腌制得均匀透彻。
5. 腌制咸菜最好选择20天以后再吃。因为科学测定，咸菜在开始腌制的两天内亚硝酸盐的含量并不高，只是在第3~8天亚硝酸盐的含量达到最高峰，第9天以后开始下降，20天后基本消失。所以腌制咸菜一般时间短的在两天之内，长的应在腌制一个月以后才可以食用。
6. 每次捞取咸菜时所用器具要保证干净、无油、无水，取完后，继续封口低温保存。

凉拌家常小咸菜做法

1. 取出部分腌好的咸菜，用凉开水洗去表面盐分，控干水。

2. 小萝卜和尖椒切片，嫩豇豆切段。

3. 起油锅，温热时下入花椒小火慢炸，出香味后，关火，捞出花椒粒弃之。

4. 切好的咸菜加葱花和适量白糖、生抽、香醋、味精拌匀，趁热浇上花椒油即可。

17

主要原料

红尖椒、蒜、姜（可以省略）、盐、白糖、高度白酒

剁椒

做法

1. 红尖椒、蒜、姜洗净晾干，分别剁碎。

2. 红尖椒剁碎。

3. 蒜、姜剁碎。

4. 剁好后的原料混合，添加盐和白糖拌匀。

5. 装入干净、无水、无油的容器，添加点高度白酒，密封好，室温下发酵两天然后收入冰箱，冷藏一周即可食用。

温馨提示：

1. 所用面板、刀具和容器，必须保持干净、无水、无油。
2. 不喜欢姜的可以只用尖椒和蒜。
3. 尖椒不必剁得太碎，颗粒大点口感好。
4. 盐糖的比例自由掌握。一般情况下尖椒和盐的比例为 10：1。想长时间保存，盐多点，短时间食用的，盐可以少点。
5. 容器不要装得太满，需要留空间，使其发酵。

主要原料

嫩豇豆、姜(仔姜最好)、红绿尖椒、嫩黄瓜、包菜、盐、花椒、冰糖、高度白酒

做法

1. 玻璃容器清洗干净，擦干。

2. 蔬菜洗净，晾干，切成小段或小块。

3. 玻璃容器中添加盐、花椒和冰糖，倒入容器一半的开水。

4. 凉凉后把切好的蔬菜浸泡在盐水中。

5. 添加一小瓶盖高度白酒，容器加盖密封，室温放置一到两天即可食用。

洗澡泡菜

温馨提示：

1. 蔬菜需要洗净晾干。
2. 玻璃器皿需要保证干净、无水、无油。
3. 每次捞取泡菜的筷子也要保证干净、无水、无油。
4. 容器不要装得太满，注意留空隙。水太酸了，可以倒掉部分盐水，补充适量凉开水和盐。
5. 可以根据口味喜好选择自己喜欢的蔬菜，比如红萝卜、白萝卜、胡萝卜等，但豇豆不适合做洗澡泡菜，因为它需要泡透才能食用，但彻底泡透大概需要一个星期。

主要原料

新鲜的嫩豇豆、市售瓶装腌制野山椒、高度高粱酒、盐、姜、冰糖、花椒、八角、香叶、桂皮

酸豇豆

做法

1. 嫩豇豆择好，洗净，晾干备用。

2. 坛子洗净，倒扣，控干水。

3. 水中添加盐、花椒、八角、香叶、桂皮，大火煮开制成卤水，彻底凉凉后备用。

4. 把晾干的豇豆挽成小把放入坛内。

5. 依次往坛内添加半瓶带汁儿的野山椒、姜和冰糖。

6. 注入凉透的卤水。

7. 添加高度高粱酒。

8. 加盖，在坛沿上注入清水，将泡菜坛放在阴凉无阳光直射的地方，一周后就可食用。

辣萝卜

主要原料

白萝卜、苹果、梨、洋葱、韭菜、葱、姜、蒜、
虾米、糯米粉、白糖、盐、辣椒面、鱼露

做法

1. 糯米粉加水，用小火在锅里熬成糊状，凉凉。

2. 白萝卜洗净，晾干，切成方块。

3. 萝卜块加盐拌匀，腌制半天，中间翻动几次。

4. 腌好的萝卜用水冲洗，然后放在通风处晾至表面干爽。

5. 韭菜洗净控干，切段; 洋葱切丝; 梨和苹果削皮切丝; 葱姜蒜切小碎粒。

6. 把鱼露和辣椒面拌匀，然后添加米糊、糖、虾米和5中所有材料搅拌均匀，成为泡菜料。

7. 把表面风干的白萝卜块和泡菜料拌匀，装在无水无油密闭的容器中即可。

温馨提示：

1. 分装好的辣萝卜放在低温避光处保存，两三天后即可食用。
2. 分次取时注意保持所用器具的干净、无水、无油。

茶叶蛋

主要原料

鸡蛋、市售茶蛋料包、茶叶、葱段、姜片、盐、白糖、生抽、老抽

做法

1. 鸡蛋洗净，晾干。

2. 锅内添加没过鸡蛋的水，大火煮开。

3. 锅内添加茶蛋料包、茶叶、葱段、姜片、盐、糖、生抽和老抽，煮开后转中火继续煮5分钟。

4. 改小火，用勺子逐个敲破鸡蛋壳（不用去皮），继续小火煮20分钟。

5. 出锅前滴少许油，然后把卤水和鸡蛋浸泡在一起即可。

6. 吃时重新加热，现吃现捞，浸泡时间越久味道越浓。

主要原料

新鲜鸭蛋、盐、高度白酒、八角、花椒、香叶、姜

五香咸鸭蛋

做法

1. 新鲜鸭蛋清洗干净，放在通风处晾干。

2. 提前量好坛子盛装的水量，水内添加八角、花椒、香叶、姜，煮开后小火慢煮5分钟，然后添加盐，不停搅拌，直至盐水饱和。

3. 凉凉卤水的时候，把晾干的鸭蛋分别用高度白酒全部浸湿，码入坛内。

4. 凉凉后的卤水添加进坛，卤水要淹没鸭蛋，然后添加适量高度白酒。

5. 用保鲜膜封好坛口，放在阴凉通风处保存。40天左右即可。

温馨提示：

1. 鸭蛋和坛子都要清洗干净并晾干。
2. 饱和盐水是指添加的盐已经不再溶化的盐水。
3. 不喜欢五香味的，可以只用盐和高度白酒。
4. 想要蛋黄的油多，可以适量多添加些白酒。
5. 坛口一定要封紧。

主要原料

热豆腐、青红辣椒、韭菜、香菜、盐、生抽、味精、香油

农家小豆腐

做法

1. 青红辣椒、韭菜、香菜洗净沥干。

2. 热豆腐切块，摆盘。

3. 青红辣椒、韭菜和香菜分别切碎。

4. 在切碎的蔬菜中添加适量香油拌匀，然后添加盐、生抽和味精搅拌均匀。

5. 把拌好的剁椒韭菜连同汤汁浇在切好的热豆腐上即可。

温馨提示：

1. 如果用的不是热豆腐，需要把豆腐提前在开水中焯一下。
2. 辣椒和韭菜最好切成细碎而不是乱刀剁，剁出来的辣椒容易出水，韭菜容易变味。
3. 拌菜时先拌入香油是为了让油更好地锁住蔬菜的水分。
   这道凉拌菜要现切现拌并且马上食用，否则大量的水分析出，菜的鲜味和口感都会大打折扣。

炸茄子盒

主要原料

茄子、猪肉、鸡蛋、面粉、葱花、姜末、料酒、盐、生抽、胡椒粉、味精、香油、植物油

做法

1. 茄子横切成片，两刀断开一次。

2. 猪肉剁成馅后，添加葱花、姜末、料酒、盐、生抽、胡椒粉、味精和香油拌匀。

3. 面粉和鸡蛋液搅成面糊，静置5分钟。

4. 两片茄子之间填上一层肉馅。

5. 锅中放宽油，加热；填上肉馅的茄子盒蘸层面糊，入七成热的油锅，中火炸制；两面炸至金黄，捞出控油，装盘。

温馨提示：

1. 面糊中如果有颗粒，可以静置一会儿再搅拌。
2. 炸好的茄盒出锅后可以用厨房专用纸吸一下油。

槐花粑粑

主要原料

槐花、粑粑面（玉米面添加大豆面）、鸡蛋、白糖、盐、小苏打、植物油

做法

1. 槐花入开水中焯2分钟，捞出过凉水。

2. 在清水中浸泡半天以上，中间换几次水。

3. 捞出槐花，挤干备用。

4. 粑粑面添加鸡蛋、白糖和盐以及少量小苏打，视情况添加少量水，拌匀后，反复搋面。

5. 添加槐花拌匀。

6. 取适量和好的面糊双手团成团。

7. 锅内刷薄油，烧热后，把团好的面团均匀压扁，平铺进锅，用小火慢煎。

8. 底面煎黄后，翻面继续小火煎另一面；双面煎黄后铲出即可。

温馨提示：

1. 和面的时候反复搋一下，粑粑口感不会太硬，相对松散。
2. 粑粑面中添加鸡蛋、糖还有小苏打，一是为了口感香甜，二是为了粑粑口感松软，也可以什么都不放。
3. 也可以把焯好的槐花直接放在面粉中搅拌。

酸辣蕨根粉

主要原料

蕨根粉丝、胡萝卜、香菜、炒熟花生、蒜、自制麻辣红油（参见P12）、盐、白糖、陈醋、味精、鲜红辣椒（可以省略）

做法

1. 蕨根粉丝用开水浸泡至软，无硬芯，过一下凉开水，沥干备用。

2. 炒熟花生去皮，擀成粗粒，大蒜拍扁剁碎，胡萝卜切丝，香菜切段备用。

3. 胡萝卜丝焯水后过凉开水沥干。

4. 以上主要原料混合，添加盐、白糖、生抽、陈醋和味精拌匀。

5. 吃时拌上一勺自制麻辣红油。

温馨提示：

1. 蕨根粉丝因为很细，所以无须水煮，用开水浸泡即可；如果选用宽的或粗的蕨根粉，可以先用水煮5分钟左右。
2. 麻辣红油可以根据自己的口味酌情添加，喜欢吃辣的还可以切些鲜红辣椒加进去。

主要原料

咸疙瘩头、猪肉丝、水发海米、干红辣椒、姜、蒜、小葱、香菜、酱油、植物油

炒疙瘩丝

做法

1. 咸疙瘩头切丝，洗净，用水浸泡，直至咬开后稍有咸味。

2. 油热后，用姜、蒜、干红辣椒爆锅。

3. 下入猪肉丝炒至变色，加水发海米和疙瘩丝翻炒。加少许酱油上色，然后加开水没过疙瘩丝，加盖焖一小会儿。

4. 焖至疙瘩丝变软，锅中汤汁收尽，加小葱、香菜出锅。

主要原料

五花肉

肉吱吱

做法

1. 五花肉洗净，沥干。

2. 切成均匀的肉片。

3. 平锅烧热，下入五花肉，均匀铺开。

4. 转小火慢煎。

5. 煎至双面微黄，控油，出锅。

温馨提示：

1. 肉片要切得厚薄适中，太薄太厚都不好。
2. 锅烧热后下入肉片，一是不粘锅，二是味道会更香。
3. 肉片下锅后一定要转成小火，否则易煳。
4. 做好的肉吱吱可以直接吃，可以用生抽拌，可以用白糖拌，还可以用洋葱拌，随个人喜好。

油渣炒豆渣

主要原料

豆面球主要原料：大豆、芥菜疙瘩的新鲜叶子、豆面粉

油渣炒豆渣主要原料：豆面球、五花肉、葱、姜、香菜、红辣椒、料酒、生抽、盐、味精、植物油

豆面球做法

1. 大豆浸泡半天，用豆浆机磨出豆浆，过滤后的豆渣备用。
2. 取芥菜疙瘩的新鲜叶子，洗净，在开水中焯 2 分钟，冲凉水，挤干，切碎备用。
3. 在切好的菜叶中添加豆渣和豆面粉，搅拌均匀。
4. 握成球状，放入锅中蒸制，开锅后中火蒸 10 分钟，关火虚蒸 3 分钟即可。

油渣炒豆渣做法

1. 豆面球掰碎拆散。

2. 五花肉切丁，葱姜切丝，红辣椒切段。

3. 起油锅，油热后，小火煸炒五花肉，直至肉内油脂逼出。

4. 把肉渣推到锅边，下入葱姜丝和红椒段煸出香味。

5. 放入料酒和生抽，下入掰碎的豆面球中火翻炒 3 分钟；起锅前添加盐和味精，撒上香菜即可。

温馨提示：

1. 煸炒五花肉时，如炒出的油过多，可以视情况盛出部分，留下的油应该较平日炒菜用油适当多些。
2. 第 5 步翻炒的过程中为防止粘锅，可以适当添加热水，最后炒至水收干即可。

主要原料

鲜活的蚕蛹、杭椒、葱、姜、蒜、八角、盐、料酒、植物油、味精（可以省略）

辣炒蚕蛹

做法

1. 蚕蛹洗净，在淡盐水中用大火煮开，继续滚煮 5 分钟，捞出沥干。

2. 起油锅，爆香葱姜蒜和八角。

3. 下入煮好的蚕蛹大火煸炒。

4. 放入料酒和少量盐，继续翻炒至水分干。

5. 下入切成段的杭椒继续翻炒至软。

6. 下一点点味精调味（此步可省略），翻炒均匀即可出锅。

温馨提示：

1. 炒蚕蛹之前，用淡盐水先煮一下，一是可以杀菌，二是炒起来蚕蛹不爆肚，还容易入味。
2. 油稍微多一点，干煸的时间长一点，蚕蛹的皮被煸得脆脆的，吃起来更香。
3. 除了料酒和盐，不提倡再用其他调味料，一是干煸的时间长，调味料容易煳锅，二是这样简单的调味才能突出香辣并凸显蚕蛹纯正的原味。

香辣白菜根

主要原料

白菜根、胡萝卜、干红辣椒、蒜、香菜、盐、白糖、生抽、香醋、味精、植物油

做法

1. 白菜根、胡萝卜切片，撒盐拌匀，腌制半小时以上。

2. 挤去蔬菜浸泡出的水分，用凉开水冲掉表面的盐分，挤干，添加白糖、生抽、香醋、味精拌匀。

3. 干红辣椒切段，蒜切成细末。

4. 起油锅，油温热时，下入干红辣椒段和蒜末，小火煸香。

5. 辣椒和蒜末微黄时趁热浇在拌好的白菜根上，撒上香菜拌匀即可。

主要原料

咸萝卜干、葱花、香菜末、干红辣椒、酱油、白糖、陈醋、味精、植物油

做法

1. 咸萝卜干凉水泡发，反复清洗，勤换水。

2. 挤干，散开。

3. 加葱花、香菜末、酱油、白糖、陈醋、味精拌匀。

4. 起油锅，油五成热时，加干红辣椒炸制。

5. 油温升高时，迅速关火，浇在萝卜干上拌匀。

温馨提示：

1. 若是用原味的萝卜干凉拌，可适量添加盐。
2. 泡发咸萝卜干时要随时品尝，直到萝卜干的咸味若隐若现时捞出最佳。
3. 注意萝卜干不要泡发过头，泡发时间视萝卜干的软硬和咸度酌情掌握，泡好的萝卜干保持卷缩皱褶时更有嚼头，口感也脆。
4. 调味料可根据个人喜好自由添加。

腌萝卜脆

地瓜煮

主要原料

地瓜、新鲜花生米、大米、江米、花豆、燕麦、高粱米、大麦、荞麦、冰糖

做法

1. 大米、江米和其他杂粮提前用冷水浸泡 1 小时。

2. 地瓜洗净后擦成细丝。

3. 浸泡好的食材和擦好的地瓜丝以及新鲜的花生米混合入高压锅，添加适量冰糖和足够的水。

4. 大火煮开，上气后用小火压 25 分钟关火。

5. 自然排气后盛出。

温馨提示：

所用杂粮根据个人喜好自由选择搭配。

Part ②

记忆中那些贴心的味道

妈妈的汤粥和炖菜
妈妈的面条、饼和包子

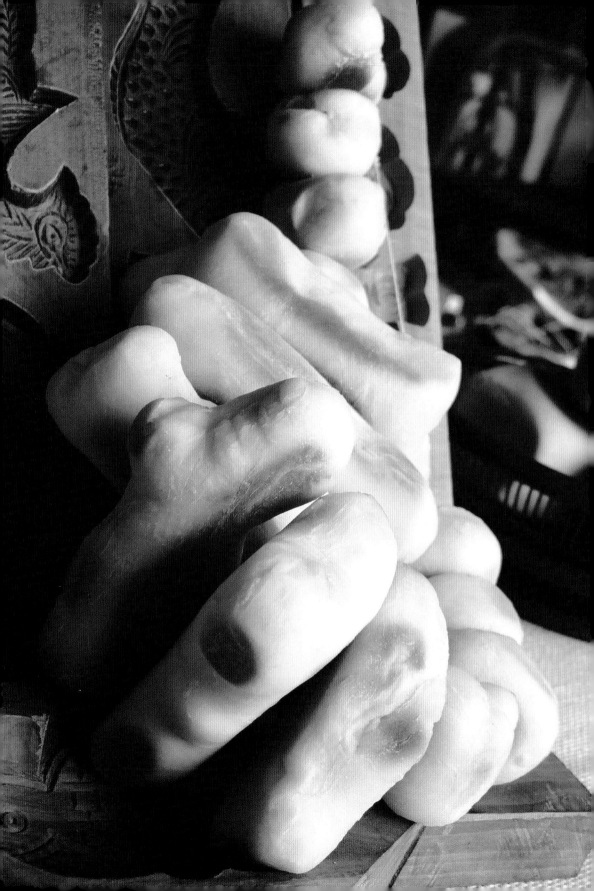

● 一

和母亲住在一起后，我比以前变勤快了。以前逢到周末或是懒散的时候，我也常随便对付一下或上街吃。可母亲在家就不一样了，家里有老人，有孩子，感觉肩上的担子更重了。

每天每周每月，我都要变着花样做一日三餐，既要考虑老的，也要照顾到小的。

母亲特别喜欢面食，尤其喜欢带馅的面食。我于是每周都主动做次面食来改善调节生活。每次吃上我做的暄腾腾的包子和圆鼓鼓的饺子时，母亲总是一边吃一边夸，高兴和享受的样子溢于言表。看到母亲吃得开心，我也感到很欣慰。

母亲现在的体力有限，就是喜欢，自己也懒得动手。但面食相对米饭来说，还是费时费事的。

我没有能力像别人一样孝敬母亲洋房汽车、珠宝首饰，但我可以在近处照顾母亲，做母亲喜欢吃的家常饭，带给她生活细微处的关怀，尽自己所能让她和我们在一起生活得融洽、快活，我也感到很满足。能够把握住回报母亲的机会，这也是上天对我的眷顾。

● 二

我们这儿讲究孩子开学第一天要吃饺子。寓意和说法很多。我更愿意相信饺子谐音"骄子"一说，希望孩子学有所成。这其实就是在新学年的开始，长辈们用来表达对孩子期盼和祝福的一种方式。

正月二十二，是儿子开学的第一天。虽然近日有些懒散，可还是盘算着前一天晚上给儿子捏几个水饺。想想自己也不一定是每学期的开学第一天都能为儿子亲手包上一顿水饺，我也应该好好珍惜这种机会。虽说是一种付出，可同时我也在收获：让孩子吃得快乐，自己也掩不住开心。

清晨，儿子洗漱完毕，一盘热腾腾的水饺摆在他的面前，外加一碗粥和鸡蛋。我心中默想，无论儿子将来走多远，想家的日子，他至少可以和朋友聊一聊最爱吃的是妈妈亲手包的饺子吧。

蛋花糖油汤

主要原料

鸡蛋、白糖、香油

1. 鸡蛋打入碗中，用筷子搅匀。

2. 放入白糖和香油。

3. 冲入刚烧滚的开水。

4. 加盖保温3分钟即可。

主要原料

雪梨、银耳、红枣、冰糖

做法

1. 银耳和红枣提前用冷水泡发。

2. 银耳去蒂，手撕成小朵。

雪梨红枣炖银耳

3. 雪梨去皮去核，削成小块。

4. 所有的主要原料入锅，添加四倍左右的水。

5. 大火煮开转小火慢炖 40 分钟左右。

温馨提示：

1. 水要一次加足，不要中途加水。
2. 炖的时间可长可短，喜欢雪梨和银耳脆一点口感的，炖个二三十分钟即可，喜欢雪梨和银耳口感软糯的，炖的时间就相对长些。

西红柿疙瘩汤

主要原料

面粉、西红柿、鸡蛋、
葱花、蒜末、姜末、香菜、
盐、味精、植物油

做法

1. 西红柿切块，鸡
蛋打散，搅匀备
用。

2. 面粉中一点点添
加水，一边加水，
一边用筷子搅拌，并
沿碗边搓面粉，直至
面粉全部搓成一个个
小小的湿面疙瘩。

3. 起油锅，爆香
姜蒜末，下入
三分之二的西红柿
块，大火翻炒至西红
柿软烂。

4. 添加适量的热
水，大火烧开。

5. 把湿面疙瘩用筷
子分几次向滚水
内拨散，并马上用勺
子在锅内搅匀，避免
粘连。

6. 再次煮开后，添
加适量盐调味，
添加另外三分之一的
西红柿煮开，倒入鸡
蛋液，立刻抄底搅动，
待蛋液浮起，调入味
精，撒上葱花和香菜，
关火出锅。

温馨提示：

1. 西红柿尽量选择熟透的、饱满的、汁
儿多的。
2. 搅湿面疙瘩时，水流尽可能小。一旦
面疙瘩搅得太大块了，可以提前在面
板上切碎再下锅。
3. 西红柿一定要先炒出足够的红汁再加
水，这样西红柿的味道才浓。
4. 面疙瘩下锅后记得要马上搅动，否则
易粘连，结大块。
5. 鸡蛋液下锅后，立刻抄底搅动，浮起
的蛋花会很轻盈很漂亮。
6. 喜欢西红柿块状口感的，可以最后再
添加一些西红柿块。

蛤蜊南瓜面片汤

主要原料

南瓜、面粉、黑蛤蜊、鸡蛋、白菜、葱花、姜末、水发黑木耳、盐、植物油

面片做法

1. 南瓜去皮切块，入高压锅压制5分钟，自然冷却后用筷子搅成南瓜泥。

2. 添加面粉一起搅拌，揉成硬一点的面团，盖保鲜膜醒20分钟。

3. 把面团充分揉匀，用擀面杖擀成厚薄均匀的薄面片。

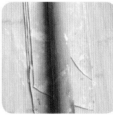

4. 面片卷在擀面杖上，用刀在擀面杖上竖划一道。

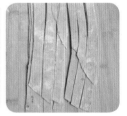

5. 再把面片纵切几刀。

6. 最后斜切成菱形小面片。

温馨提示：

1. 面团尽可能硬一些。
2. 擀面时，用玉米淀粉做布面，特爽滑，还不粘连。
3. 最后一次擀卷大面片时，适当多撒一点淀粉，然后抹均匀。这样切好的面片即使重叠在一起，也很容易抖开。
4. 切好的面片均匀摊开，一次吃不完的，可以稍微晾一下，然后收在保鲜袋内冷冻起来，也可以全部晾干，常温保存。

面片汤做法

1. 黑蛤蜊洗干净后，凉水下锅，煮开口后马上关火；把蛤蜊肉取出，煮蛤蜊的原汤保留。

2. 起油锅，油温热后，下入姜末炸香。

3. 加入白菜大火煸炒至软。

4. 添加蛤蜊原汤，煮开。

5. 下入面片和黑木耳，用勺子搅动，大火煮开后，转中火继续煮1分钟。

6. 淋入搅好的鸡蛋液，撒入葱花和蛤蜊肉，关火。

7. 调入适量盐即可。

温馨提示：

1. 蛤蜊可以不提前煮，直接放在汤中，但必须保证蛤蜊不含沙子。提前煮，可以把原汤静置，然后把沉淀的沙子去除。但蛤蜊肉应单独放置，最后入锅，否则蛤蜊肉容易煮老。

2. 新鲜的蛤蜊原汤鲜味足够，无须添加味精。

3. 用蛤蜊入汤，最好不要添加酱油，一是会改变清澈的汤色，二是会改变贝类特有的鲜味。其他调味料也不必加，因为贝类就是最好的天然增鲜剂。

西红柿黑鱼豆腐汤

主要原料

黑鱼、西红柿、豆腐、葱花、姜末、蒜末、香菜、料酒、盐、白糖、白胡椒粉、味精、植物油

做法

1. 新鲜黑鱼去鳞去鳍去内脏去鳃，洗净，沥干，切成薄片；用料酒、盐和白胡椒粉提前腌制。

2. 豆腐切麻将块，在添加了盐的热水中浸泡；西红柿切块备用。

3. 起油锅，爆香蒜末和姜末。

4. 下入西红柿大火煸炒，并用铲子把西红柿尽可能铲烂。

5. 添加热水煮开。

6. 腌好的鱼片在热水中焯一下。

7. 把鱼片放入西红柿汤汁中，并同时下入豆腐，大火煮开后继续滚煮5分钟，添加料酒、盐、白糖、白胡椒粉调味。

8. 出锅前添加味精、葱花和香菜。

温馨提示：

1. 要选择熟透了的西红柿，这样的西红柿汁液多，颜色正，味道足（做菜仔细的可以提前把西红柿皮去掉）。
2. 西红柿在爆香了的油锅中要多炒一会儿，红油才会充足，西红柿味儿才会浓厚纯正。
3. 豆腐提前用热的盐水浸泡，可以有效去除豆腥味儿。
4. 黑鱼表面的黏液太多，下锅之前用热水焯一下，可以有效去除泥腥味；也可以另起油锅，先把黑鱼双面煎一下，再放入西红柿汤汁中。
5. 白糖和白胡椒粉必不可少，白糖可以提鲜，并且可以中和一下西红柿的酸味，白胡椒粉可以有效去腥、增香提味。

豆腐猪血熬白菜

主要原料

棒骨、白菜、豆腐、猪血、葱、姜、香菜、八角、料酒、生抽、盐、植物油、味精（可以省略）

做法

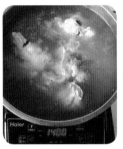

1. 棒骨冲洗干净，剁成小块入凉水锅，大火煮开，继续滚煮5分钟左右，去除血水和杂质。

2. 捞出用热水冲洗干净表面的浮沫和杂质。

3. 入高压锅，加没过的水，加葱姜，大火煮至上气后，转小火继续压15分钟，自然排气。

4. 猪血和豆腐切麻将大小的方块，猪血在凉水中浸泡，豆腐在加盐的水中煮至微微浮起，捞出沥干备用，大白菜叶子手撕成片，白菜帮子切成薄片备用。

5. 起油锅，爆香葱姜和八角。

6. 先下菜帮，再下菜叶，大火翻炒，添加料酒和生抽调味；炒至白菜变软，添加适量的骨头和汤，添加豆腐和猪血，大火煮开。

7. 用盐调味，转中火炖至白菜软烂。

8. 加一点点味精（也可省略），撒点葱花和香菜，即可出锅。

海鲜砂锅豆腐

鲜虾、文蛤、
豆腐、青菜、
蟹味菇、葱花、
姜片、香菜、盐、
胡椒粉、香油

1. 洗净沥干的鲜虾
和文蛤铺在砂锅
底部，放几片姜进去。

2. 切成麻将块大小
的豆腐和去除根
部的蟹味菇铺在砂锅中
层。

3. 添加至食材一大
半的水（有高汤
的添加两勺），盖盖煮
开。

4. 转小火炖煮，至
虾变色，文蛤开
口，铺上一层青菜。

5. 调入适量盐和胡
椒粉，滴几滴香
油，撒点葱花、香菜
即可关火。

温馨提示：

1. 豆腐可以提前用热的盐水浸泡一会儿，去除豆腥味。
2. 蟹味菇也可以提前焯一下，去除土腥味。

酸菜白肉炖粉条

酸菜、五花肉、粉条、葱、姜、八角、料酒、盐、味精、植物油

做法

1. 五花肉洗净，添加葱、姜、八角和料酒，煮开后撇净浮沫。

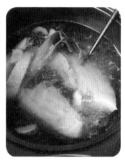

2. 煮到筷子可以插透，关火，凉凉后切片。

3. 粉条提前用温水泡软。

4. 酸菜洗净，切丝，攥干备用。

5. 起油锅，爆香葱姜；下入酸菜丝大火爆炒至水干，出香味。

6. 下入粉条和肉片，把煮肉的水拣去调料，倒入锅内。

7. 煮至粉条和肉片软烂，添加盐和味精调味。

8. 出锅后可蘸调味料或辣油同食。

土豆白菜汤

主要原料

土豆、大白菜叶子、葱、盐、
植物油、味精（可以省略）

做法

1. 土豆去皮后，切成小拇指粗细的土豆条，冲洗沥干备用。

2. 取大白菜叶子，手撕成片，葱切丝备用。

3. 起油锅，油热后，下入葱丝小火煸炒至微黄。

4. 下入土豆条，中火煸炒至土豆变色变软。

5. 添加没过的热水，大火烧开，转小火炖煮至汤浓。

6. 下入白菜叶子，继续炖煮至白菜和土豆软烂。

7. 加入适量盐和味精，出锅即可。

温馨提示：

1. 大白菜取叶子，味道鲜甜。
2. 切好的土豆洗去表面的淀粉，这样炒制的过程不容易粘锅。
3. 小火充分煸出葱香，但切记不要煳掉。
4. 土豆入锅后，不要马上加水，让土豆在葱油中充分煸出香味后，再添加热水，汤的味道更鲜更浓。
5. 白菜入锅烧开后，不要马上关火，小火再炖个三五分钟，让白菜的鲜甜味道充分融入汤中。
6. 起锅时可以根据个人喜好撒一点葱花或香菜。
7. 这道素汤突出的是白菜和土豆结合的纯正鲜美味道，除了盐和味精（味精甚至也可以省略），无须添加其他任何调味料。

炸酱面

主要原料

新鲜碱面条、猪外脊肉、黄瓜、绿豆芽、胡萝卜、葱、六月香甜面酱、水淀粉、盐、料酒、香油、植物油

做法

1. 黄瓜、胡萝卜切丝，葱切碎，猪外脊肉切丁。

2. 猪肉丁用盐、料酒和香油腌制一下，准备水淀粉备用。

3. 起油锅，小火爆香葱碎。

4. 下入肉丁煸炒至变色。

5. 下入六月香甜面酱，转小火翻炒均匀。

6. 倒入水淀粉，小火不停划炒，至黏稠出锅。

7. 胡萝卜丝和绿豆芽分别焯水，捞出过凉开水，沥干备用。

8. 坐锅烧水，水开后下入面条，大火煮开，点一次凉水，继续煮开后，捞出过凉开水。

9. 面条捞入碗中，加入绿豆芽、胡萝卜丝和黄瓜丝，舀上炒好的肉酱拌匀即可。

温馨提示：

1. 用五花肉炒出的酱更香。
2. 嗜辣的可以用干红辣椒爆锅。
3. 面酱下锅后，转小火，注意要不停地划炒，免得粘锅或煳锅。
4. 配菜可以根据自己的喜好随意组合。
5. 选择自己喜欢的任意品牌的甜面酱、豆瓣酱或面酱都可以，只不过甜面酱下锅后要根据自己的喜好用盐或酱油调一下咸淡味，咸面酱则需要稀释，并适量添加白糖调整一下口味。
6. 可以配香醋和蒜食用，风味更佳。

主要原料

新鲜面条、猪肉丁、鲜虾、鸡蛋、黑木耳、胡萝卜丁、大白菜丁、青椒圈、葱、姜、盐、味精、植物油

家常打卤面

做法

1. 坐锅烧水，水开后，下入面条，煮开后转小火继续煮2分钟；捞出过凉开水，沥干备用。

2. 另起油锅，锅烧热后下油，爆香葱姜。

3. 下猪肉丁大火翻炒至变色。

4. 依次下入胡萝卜丁和大白菜丁大火翻炒。

5. 菜变色后添加黑木耳，加入热水烧开。

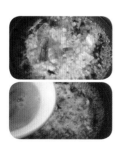

6. 添加鲜虾煮开后，淋入鸡蛋液。

7. 蛋花浮起后关火，添加青椒圈，添加适量盐和味精调味。

8. 把做好的面卤浇在面条上即可。

清汤牛肉面

主要原料

手擀面原料：
面粉、盐、碱、淀粉

汤卤原料：
清炖好的牛肉、清炖牛肉原汤、小葱、香菜、盐、白胡椒粉、味精（可以省略）、辣椒油

手擀面做法

1. 面粉添加一点点盐和一点点碱拌匀，然后一点点添加水，搅拌成雪花状。

2. 揉成比较硬的面团，盖保鲜膜醒20分钟，再次揉成光滑的面团，再盖保鲜膜醒20分钟。

3. 用擀面杖擀成厚薄均匀的薄面片，擀卷之间撒淀粉以防粘连。

4. 把擀好的大面片折叠，折叠之前再撒一层淀粉。

5. 切成自己喜欢宽度的面条，并且马上抖开。

6. 面条开水下锅，煮开后点一次凉水，再开后，捞出过凉开水，沥干备用。

汤卤做法

牛肉切片铺在煮好的面条上，取部分清炖牛肉原汤煮沸后，添加适量盐、白胡椒粉、味精（也可以省略）调一下味，趁热浇在面条上，撒上香菜和小葱即可，喜辣的可以浇点辣椒油。

温馨提示：

1. 在面粉里面适量添加盐、碱或者鸡蛋，面条的口感会筋道。
2. 面团一定要硬，切好的面条才不容易粘连。
3. 面团揉好之后一定要经过充分醒的过程，最好是醒两次，中间再揉一次，面团才会光滑均匀。
4. 擀面的时候，双手用力要均匀，否则容易导致面片厚薄不均。
5. 擀好折叠之前，多撒些淀粉，以防切后的面条粘连。
6. 切好的面条马上从最上边一层提起，并抖落开，可以再撒上一层淀粉防粘连。
7. 用淀粉做干粉，一是防粘连效果好，二是煮好的面条口感更爽滑。
8. 煮面的时候，水一定要富余。
9. 煮好的面，马上冲一下凉水（凉开水），然后捞出来沥干，面条口感爽滑筋道不黏糊。

土豆饼

主要原料

土豆、面粉、鸡蛋、盐、小葱、植物油

做法

1. 土豆洗净去皮，擦成丝。

2. 土豆丝用水洗去表层淀粉，沥干。

3. 添加适量盐拌匀。

4. 土豆丝稍稍变软后，打入鸡蛋，添加小葱，搅拌均匀。

5. 然后添加面粉，继续搅拌均匀。

6. 锅热后，加入少量油，提锅转动，让锅底四周均匀附着一层薄油。

7. 油热后舀入一勺和好的面糊，转小火，迅速用圆勺的底部均匀摊平压薄土豆面糊。

8. 底部上色后翻面，继续用勺底摊平压薄另一面，并且沿锅边淋少许油。

9. 待双面烙制成金黄色，出锅切片装盘。

温馨提示：

1. 饼压得越薄，熟得越快，煎得越脆，吃起来越香。
2. 第8步面糊没有完全凝固时不要急于翻饼身，否则不容易完整铲起。
3. 油不要一次性加入，视情况分次一点点沿锅边淋入，这样做出的土豆饼着色均匀，口感醇香。

西葫芦饼

主要原料

西葫芦、小葱、鸡蛋、面粉、植物油

做法

1. 西葫芦擦成丝。

2. 用盐拌匀腌制5分钟。

3. 挤干，剁碎，小葱切碎备用。

4. 西葫芦、葱花和蛋液混合，添加面粉搅拌均匀。

5. 起油锅，热锅刷层薄油，油热后下入面糊。

6. 把面糊摊薄摊均匀。

7. 小火慢煎，出香味后翻面，继续煎至双面金黄出锅。

温馨提示：

1. 西葫芦也可以直接拌鸡蛋和面粉，不提前腌制，也不挤干，但那样西葫芦析出的水分会让面糊太稀，操作起来不如这种简单。
2. 西葫芦饼第一次翻面后，可以视情况沿锅边少淋点油进锅，这样烙出的西葫芦饼会更香。

茄子肉丁馅饼

主要原料

面粉、酵母、茄子、猪肉（三肥七瘦）、洋葱、盐、蚝油、植物油

馅料做法

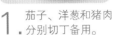

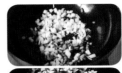

1. 茄子、洋葱和猪肉分别切丁备用。

2. 起油锅，下入肉丁煸炒至微黄。

3. 下入洋葱炒香后，下入茄丁煸炒至软。

4. 添加盐和蚝油调味，盛出做馅备用。

馅饼做法

1. 酵母用温水稀释，静置3分钟，然后添加面粉，揉成光滑的面团，盖上保鲜膜放在温暖处醒发；待面团发至原来的两倍左右大小，取出揉匀排气。

2. 分割成等大的面剂，擀成厚薄均匀的面皮；加馅料包成圆包子状，收口捏紧，朝下放置，然后擀成饼状。

3. 做好的饼坯盖布放温暖处再次醒发至面皮膨松。

4. 入厚底平锅，小火烙制，待面饼双面烙至金黄取出。

温馨提示：

1. 因为饼皮是发面的，面皮太湿的话容易破，所以馅料中除了盐和蚝油，没有添加其他任何液体调味品。

2. 因为馅料本身是熟的，所以馅饼入锅后，只要双面煎至金黄，拍起来"嘭嘭"响即可出锅。

3. 为了保持发面饼膨松暄腾的口感，不要把面皮擀得太薄。

时蔬鲜虾比萨

主要原料

原料 1：高筋面粉、酵母、白糖、盐、牛奶、橄榄油、鸡蛋

原料 2：马苏里拉奶酪、西红柿、洋葱、胡萝卜、土豆、肘花火腿、鲜虾、盐、酒

原料 3：番茄沙司、黑胡椒

做法

1. 用原料 1 揉一个光滑的面团，盖保鲜膜放温暖处醒发。

2. 虾去头去皮去虾线，用盐和酒稍微腌一下。

3. 原料 2 中的马苏里拉奶酪刨成丝，肘花火腿切片，各种蔬菜分别切粒备用。

4. 面团醒发至原来的两倍大小，取出揉匀，擀成薄饼状；盘内刷层薄油，把饼坯铺入盘底，然后在饼身上扎些小孔。

5. 饼身涂抹一层番茄沙司，撒上一层现磨的黑胡椒粒和奶酪丝。

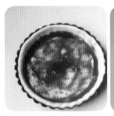

6. 铺上各种蔬菜粒和肘花火腿片，然后铺上腌制的虾仁。

7. 再撒上一层现磨的黑胡椒粒和奶酪丝；入烤箱中层，220℃上下火烤 15 分钟左右。

8. 取出撒上一层西红柿粒和奶酪丝，入烤箱继续烤 5 分钟左右即可。

泡菜海鲜饼

主要原料

韩国辣白菜、虾仁、面粉、鸡蛋、小葱、盐、胡椒粉

做法

1. 面粉添加鸡蛋、小葱、盐、胡椒粉和适量的水搅拌成面糊。

2. 辣白菜切碎，虾仁用料酒、盐和胡椒粉提前腌制。

3. 切碎的辣白菜和搅好的面糊混合均匀。

4. 起油锅，锅烧热后，舀入面糊，表面摆上虾仁，小火煎制。

5. 底面成形后，翻面煎另一面，煎至两面金黄即可出锅。

温馨提示：

1. 因为辣白菜是咸的，所以要注意控制面糊和虾仁中盐的用量。
2. 虾仁可以切小粒和进面糊，更容易煎熟和入味。
3. 虾仁可以用鱿鱼、扇贝或自己喜欢的任意海鲜代替。
4. 泡菜海鲜饼可以做成小的，也可以做成一大张，然后切小块食用。
5. 个人喜欢泡菜切大粒，吃起来咯吱咯吱响，够味儿。

干萝卜丝包子

主要原料

面粉、酵母、干萝卜丝、五花肉、葱花、姜末、海米、猪油、盐、酱油、味精、香油

做法

1. 酵母用温水稀释，静置3分钟，添加面粉搅拌成絮状，然后揉成光滑的面团，盖上保鲜膜放在温暖处醒发。

2. 干萝卜丝提前用水泡发，中间换水几次。

3. 海米先用开水冲洗两遍，然后用温水泡发。

4. 五花肉切片，下锅用小火煸出油，取油渣切碎备用。

5. 干萝卜丝浸发至柔软，攥干，切碎备用。

6. 把切碎的萝卜丝、油渣、泡发好沥干的海米、姜末和葱花混合均匀。

7. 添加一勺猪油、盐、酱油和味精拌匀，滴几滴香油提味。

8. 面团醒发至原来的两倍大小，取出揉匀，分割成等大的面剂。

9. 擀成四周薄中间厚的面皮，包入馅料。

10. 包好的包子盖布放在温暖处醒发至表皮膨松。

11. 入锅蒸制，上气后15分钟关火，虚蒸3分钟开锅。

温馨提示：

猪油和油渣是干萝卜丝包子的灵魂，别舍弃。

白芸豆酱肉包子

主要原料

面粉、酵母、白芸豆、猪前膀肉、葱花、姜末、酱油、香油、盐、味精

做法

1. 酵母用 30℃ 左右的水稀释，静置3 分钟；一边添加面粉，一边用筷子搅拌成湿面絮，揉成光滑的面团，盖上保鲜膜放温暖处醒发。

2. 猪前膀肉切成小丁，添加姜末，用酱油和香油拌匀腌制半小时。

3. 白芸豆洗净，去筋，横切成3毫米左右的小段。

4. 起油锅，下入白芸豆大火煸炒，至变色变软，盛出凉透。

5. 白芸豆和猪肉丁添加葱花和适量油、盐、味精拌匀。

6. 面团醒发至原来的两倍大小，取出揉匀排气；分割成大小均匀的小面团。

7. 擀成中心厚四周薄的面皮，包入馅料。

8. 包好的包子盖布放温暖处再次醒发至表皮膨松。

9. 入锅，大火蒸制。

10. 上气后15分钟关火，虚蒸3分钟出锅。

温馨提示：

1. 白芸豆切的大小随个人喜好，我喜欢颗粒大的，所以切得较大。
2. 白芸豆提前炒制，一是方便快速熟透，二是白芸豆变软后容易包，而且吃起来口感更香。
3. 猪肉切丁比剁成肉末的口感要好。

掌握以下要点，自己在家就能做出暄腾腾的发面食品：
1. 一次和二次醒发必须充分到位。
2. 面食下锅后需用大火蒸制。
3. 蒸制时间必须充分，时间长短随面食的大小不同而定。
4. 停火后必须虚蒸三五分钟，不能马上开锅。
5. 蒸制过程中和揭开锅盖的时候，尽量避免突然打开离锅很近的窗户或门，也就是说不要骤然改变蒸锅周边的温度。

豆沙包

做法

1. 豇豆洗净，用冷水浸泡半天。

2. 再次冲洗干净，添加没过的水，大火煮开，转中火煮至豆子绵软。

3. 添加适量白糖，把煮好的豆子捣烂。

4. 起油锅，中火翻炒豆沙至软硬适度。

5. 炒好的豆沙凉透，攥成圆球状待用。

6. 酵母用温水稀释，静置3分钟；打入鸡蛋，搅匀。

7. 添加面粉，一边添加，一边用筷子搅成湿面絮。

8. 揉成光滑的面团，盖上保鲜膜；醒发至原来的两倍大小，取出揉匀排气。

9. 分割成等大的面剂，擀成厚包子皮。

10. 包入团好的豆沙馅，收口捏紧，口朝下放。

11. 包好的豆沙包盖上湿布，二次醒发至面皮膨松。

12. 入锅大火蒸制，上气后继续蒸12分钟关火，虚蒸5分钟开锅。

温馨提示：

1. 豆沙馅料里糖的添加量随个人喜好，自由掌握。
2. 煮好的豆子可以用料理机打碎，追求细致口感的可以把豆沙过筛。
3. 若是做好的豆沙软硬正好，可以不炒直接团成团。炒豆沙的时候，可以根据个人喜好，适量添加油、白糖等。
4. 包豆沙的面皮不要擀得太薄，否则面皮不易膨松。

三鲜锅贴

主要原料:

面粉、猪肉、海米、韭菜、姜、鸡蛋、生抽、盐、料酒、味精

馅料做法

1. 海米用温水泡发至软，沥干，切碎备用。

2. 猪肉先切小块，然后剁成肉泥备用。

3. 姜剁碎备用，韭菜洗净沥干，切碎备用。

4. 先把猪肉泥、海米和姜拌匀，添加油、生抽、盐、料酒、味精搅拌均匀；添加韭菜碎拌匀；最后打上两个鸡蛋拌匀即可。

锅贴做法

1. 面粉添加水，一边添加一边搅拌成面絮。

2. 揉成光滑的面团，盖上保鲜膜醒20分钟。

3. 取出面团揉匀，切割成等大的面剂；面剂擀成薄皮，包入馅料，中间捏合，两边留口。

4. 锅烧热后，淋入一层薄油；油热后转小火，把锅贴平摊在锅内，小火慢煎；煎至底部微黄时，分三次淋入少量添加了面粉的水，盖盖小火慢煎；煎至水收干，面皮整个由白色变至透明，关火；凉个一两分钟，铲出装盘，趁热食用。

主要原料

鱿鱼、五花肉、白菜、葱末、姜末、香菜碎、植物油、盐、味精、白胡椒粉、香油

鱿鱼水饺

做法

1. 凉水和面，揉成软硬适中的光滑面团后,盖保鲜膜醒着。

2. 鱿鱼去内脏和外皮，清洗干净后沥干。

3. 鱿鱼和五花肉分别切小丁，然后剁在一起。

4. 感觉有点粘刀了，开始切入白菜颗粒，继续手工剁馅。

5. 馅料剁至细腻，添加葱姜末和香菜碎。

6. 添加油、盐、味精和一点点白胡椒粉，搅拌均匀，添加少许香油提味。

7. 取醒好的面团揉匀，下剂，擀皮，包入馅料，捏合。

8. 坐锅烧水，水开后下入饺子大火煮开，三点三开，即可捞出饺子盛盘。

温馨提示：

1. 白菜选用水分大的白菜帮就好。
2. 不喜欢加菜的，可以添加水或高汤替代。
3. 如果用鱿鱼头，先要把眼睛部位清理好，否则影响馅料颜色。
4. 如果选用的鱿鱼新鲜度不是很高的话，馅料调味的时候一定要注意去腥。

酸菜猪肉水饺

面粉、酸白菜、猪肉(三肥七瘦)、葱末、姜末、花椒水、料酒、生抽、植物油、盐、味精、香油

做法

1. 面粉一点点添加水,揉成光滑的面团,盖保鲜膜醒半小时。

2. 酸白菜冲洗干净,沥干,切成碎末。

3. 清洗,浸泡一小会儿,攥干备用。

4. 猪肉剁成肉馅,添加葱姜末和料酒、花椒水、生抽搅拌均匀。

5. 拌好的肉馅和酸白菜合在一起,添加油、盐、味精和香油调味。

6. 取醒好的面团揉匀,下剂,擀皮,包入馅料,捏合。

7. 坐锅烧水,水开后下入饺子大火煮开,三点三开,即可捞出饺子装盘。

温馨提示:

1. 买回来的酸白菜先要清洗一遍,切碎后再清洗一遍,若是不喜欢太酸,可以适当浸泡一会儿,去除部分酸味。
2. 处理好的酸菜一定要攥干再和肉馅混合,这样酸菜可以更好地入味,而且口感会更加爽脆。
3. 酸菜喜油,猪肉中带些肥肉,比用纯瘦肉做出的饺子味道要好。

Part ③

记忆中那些美妙的味道

妈妈的山寨街食儿、零嘴儿
妈妈的解馋菜

一　这个季节早市上的人真多，农村小园的菜也多。走走停停的，买了农户的两棵大白菜、四个大萝卜、一兜胡萝卜、一兜西红柿，还有其他一些零零碎碎的菜，都是新鲜的、脆生的，可爱的，分了三趟搬回家。

这是我假期中的一天，上午十点左右采买回来，阳光下，看着这些新鲜水灵的蔬菜，忍不住心情大好。

在自由市场上，溜溜达达，挑挑拣拣，讨价还价，和买菜的人拉拉呱……接下来把自己淘回来的东西一样一样摆进厨房，收拾整理择洗烹饪，把它们变成餐桌上的美味，然后看着家人美美地享用。脑袋放空空，心随手动。这种感觉，好，很好。

二　周末赶上下雨天，淅淅沥沥地好像一时半会儿停不了了——原先的周末计划泡汤了。巧的是除了想有一个大大的厨房，我好像现在没有更大的愿望。

下雨前我从超市买了些新鲜的棒骨，于是随遇而安，收了心一边煲汤，一边静静地看书。不知不觉一个半小时过去了，竟是如此简单。只要选好材料，再付出耐心就足矣！等到爷俩进门煮了一炖上一锅本味的鲜汤。骨头和肉的香醇随着飘散的水蒸气弥散到屋子的每一个角落。享受地吸食着香糯软烂的骨髓时，我又用洁白的骨头汤汁配上一把新鲜的茶菜，简单地煮了一小锅面条。简单的做法，自然的口味，悠闲地吃着肉，喝着汤，最后来上些面条和香菇，配上那么几棵翠绿的野菜。呵呵，我要的不多，这么着也觉着生活蛮惬意的。我觉着周末去哪里干什么，吃什么，这些都不重要，重要的是一家人能够相守在一起。

工作重要，朋友也重要，但家人是不是更重要？为什么会有那么多的人，宁愿舍弃本身已经拥有的，却在另一条辛苦的路上不停地奔波、辗转、追寻？到头来，可能抵达，可能迷失，也可能最终回到的还是最初的起点。放弃，改变，追逐，别说是为了更好的生活，更高的追求，我更愿意相信，那是很多人战胜不了的心魔。

灯芯绒

烤羊肉串

主要原料

羊肉、葱末、姜末、蒜末、小茴香、花椒水、料酒、盐、白糖、辣椒面、孜然粉、孜然粒、味精、植物油

做法

1. 羊肉洗净，控干，切成均匀等大的肉块。

2. 添加葱姜蒜末、小茴香、花椒水、料酒、盐、白糖、辣椒面、孜然粉、孜然粒、味精、少许油，腌制半天。

3. 竹签提前用水泡透，把腌好的羊肉穿成串。

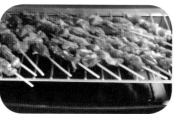

4. 烤箱230℃预热5分钟，把羊肉串铺在烤网上，中层中火烤制7分钟，翻面继续烤7分钟。

温馨提示：

1. 穿羊肉串时，最好每串上都带点白肉，这样烤出的羊肉串口感才不会柴；如果是纯瘦肉，应该在烤制过程中刷两遍油。
2. 烤制的过程中，烤网下要铺烤盘，烤盘内最好铺锡纸，便于清洗。
3. 可以根据口味喜好自由选择和添加调味料。
4. 烤制时间视肉串大小和烤箱功率而定。

主要原料

鱿鱼、洋葱、辣椒面、孜然粉、孜然粒、盐、味精、橄榄油、料酒

做法

1. 鱿鱼去内脏，清洗干净，沥干。

2. 横切成条，鱿鱼头剖开；洋葱切碎备用。

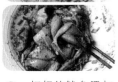

3. 切好的鱿鱼添加盐、味精、料酒、辣椒面、孜然粉、孜然粒和洋葱碎以及橄榄油拌匀，腌制半小时入味。

4. 用提前在水中浸泡过的竹签把鱿鱼穿成串。

5. 把鱿鱼串平铺在烤网上，中层，上下火 200℃ 烤 10 分钟左右；取出刷层橄榄油，继续烤 5 分钟左右。

辣烤鱿鱼

温馨提示：

1. 孜然粒和孜然粉混合拌入，味道更足。
2. 调味料可以根据自己的喜好添加，个人感觉只用辣椒孜然调味的最接近街食的味道。
3. 烤箱底部需放置铺锡纸的烤盘，便于清洗。

美味鸡架

主要原料

鸡架、葱、姜、蒜、香菜、小葱、香叶、八角、干红辣椒、花椒、辣椒面、孜然粉、料酒、盐、白糖、味精、生抽、植物油

做法

1. 新鲜鸡架冲洗干净，去鸡屁股，去掉大块油脂；锅内添加没过鸡架一半以上的水，加葱姜、香叶、八角、花椒，大火烧开，放入料酒。

2. 开锅后，中火煮5分钟关火；捞出煮好的鸡架，用流水冲洗鸡架表面附着的浮沫和杂质。

3. 把煮好的鸡架剔除杂物，拆分成小块。

4. 煮鸡架的汤汁撇去表面的浮油，然后用细漏网过滤后沉淀一下，倒入拆开的鸡架中浸泡。

5. 下锅之前，捞出鸡架，拌入适量盐、白糖、辣椒面、孜然粉、味精、生抽腌制10分钟。

6. 起油锅，油热后，爆香干红辣椒、花椒、葱姜蒜。

7. 下入腌好的鸡架，大火翻炒1分钟，放入料酒。

8. 添加两勺鸡汤入锅，盖盖用小火煨一会儿。

9. 待汤汁基本收尽，撒入小葱和香菜，出锅即可。

脆皮烤鸭

主要原料

净鸭、腌料（椒盐、葱、姜、蒜、八角、小茴香、花椒、桂皮、香叶、盐、白糖、酱油、料酒、清水混合）、抹料（蜂蜜和白醋按照 2：1 的比例混合）、蘸酱（甜面酱、香油、白糖混合）、小饼、黄瓜条、葱丝

做法

1. 选一个大盆，所有的腌料混合后，把洗净控干的半只净鸭放入腌料内腌制半天至一天，中间翻动几次。

2. 烤盘内铺锡纸，置于烤箱底层，烤箱180℃预热10分钟，腌好的鸭子放在中层烤架上下火烤制。

3. 鸭皮烤干爽后，在表皮均匀刷上一层抹料，继续烤制。

4. 鸭皮上色后，用锡纸把鸭腿和鸭翅膀包裹，上下火继续烤制，中间多次刷抹料。

5. 大约50分钟后，去掉锡纸，用上火再烤10分钟后取出。烤鸭片成薄片，趁热蘸酱，包黄瓜条和葱丝，用小饼卷食。

温馨提示：

1. 甜面酱加糖和香油勾兑，然后上锅蒸透后食用。
2. 小饼可用烫面（参见 P109 步骤 1）分割成小的面剂，两个面剂之间刷层薄油，然后摞在一起擀成薄薄的小圆饼，下锅烙制或是上锅蒸制均可。
3. 各家烤箱功率不同，烤制时要随时观察，以免表面烤焦。

啤酒凤爪

主要原料

鸡爪、啤酒、葱、姜、蒜、干红辣椒、八角、料酒、酱油、盐、白糖、味精、植物油

做法

1. 洗净的鸡爪，添加没过的水，烧开，敞锅煮2分钟。

2. 把煮好的鸡爪冲凉水，沥干。

3. 起油锅，油热后，爆香葱姜蒜、干红辣椒和八角。

4. 下入鸡爪爆炒，放入料酒和酱油，炒至上色。

5. 添加没过的啤酒，大火烧开后，转小火焖。

6. 汤汁收过半时，添加适量盐、白糖和味精调味。

7. 汤汁基本收干，出锅即可。

主要原料

新鲜猪肝、葱、姜、八角、桂皮、香叶、花椒、冰糖、黄酒、生抽、盐

做法

1. 猪肝洗净，用清水浸泡，中途多换几次水；用盐揉搓猪肝表面5分钟，用水冲洗干净。

2. 坐锅烧水，入开水中焯一下，捞出沥干。

3. 砂锅内加入葱、姜、八角、桂皮、香叶、花椒、冰糖煮开，小火慢煮10分钟。

4. 添加焯水后的猪肝，大火煮开，添加黄酒和生抽，继续用小火炖煮20分钟左右，煮至用筷子捅开无血水即可。

5. 添加适量盐调味，关火浸泡，吃时捞出切片，可用调味汁蘸食。

卤猪肝

麻辣牛肉干

主要原料：

 牛肉、辣椒面、花椒粉、葱、姜、蒜、八角、香叶、桂皮、白糖、黄豆酱、植物油、料酒、生抽、盐、熟芝麻

做法

1. 牛肉洗净，切成指头粗细的长条。

2. 凉水下锅，大火煮开。

3. 捞出迅速冲凉水，沥干备用。

4. 坐锅烧水，锅内放葱姜蒜、八角、香叶、桂皮、白糖、黄豆酱，烧开；下入牛肉条大火煮开，转小火慢炖20分钟。

5. 捞出沥干。

6. 锅内留少许油，下入白糖，小火炒至熔化，颜色微黄。

7. 下入牛肉条翻炒上色，放入料酒和生抽，根据自己的咸淡口加一点点盐调味。

8. 添加适量的辣椒面、花椒粉翻炒均匀，出锅前撒熟芝麻。

油浸豆腐

主要原料

卤水、老豆腐、植物油

做法

1. 卤水煮开,凉凉。

2. 老豆腐切麻将大块。

3. 油烧热后,下入豆腐块,用中火炸制;至豆腐四面金黄,捞出,趁热浸入卤水。

4. 20 分钟后可以捞出食用。

温馨提示:

1. 卤水中用到:盐、白糖、生抽、老抽、料酒、八角、花椒、干红辣椒、香叶、桂皮、葱、姜。可以根据个人口味自由选择调味料。
2. 卤水的咸淡口味要掌握好,不要太咸,略淡点好,因为经过高温油炸的豆腐趁热浸入卤水,会很容易在短时间内吸收充足的卤水。
3. 豆腐入锅炸制的时候,不要急于翻动,等外皮微黄后再翻动,否则易碎。
4. 浸好的豆腐冷热食均可。

主要原料

大小均匀的地瓜数个

做法

1. 地瓜洗净，沥干。

2. 放在烤箱中层烤网上，200℃上下火烤50分钟左右，中间翻面两次。

温馨提示：

1. 选择大小均匀的地瓜容易同时烤熟，长条形的地瓜比圆形的更容易烤透。
2. 烤箱底部放置烤盘，最好铺层锡纸，因为烤地瓜过程中会有地瓜油滴落，这样便于清洗。
3. 烤制时间的长短视地瓜大小而定。

烤地瓜

鸡蛋灌饼

主要原料

面粉、鸡蛋、盐、植物油

做法

1. 取一半面粉徐徐倒入开水，边倒水边用筷子把面粉搅成絮状，稍微凉一下，揉成面团。

2. 取一半面粉用冷水和面，揉成面团。

3. 把两个面团和在一起揉匀，盖保鲜膜醒 20 分钟。

4. 取出面团再次揉匀，分割成等大的面剂。

5. 取一面剂，擀成椭圆形面片；然后在面片上刷层薄油。

6. 由外向里卷起来，两头抹点油竖起来，用手按扁，再擀成薄的圆饼坯。

7. 锅内下油，下入饼坯，小火烙制。

8. 鸡蛋打散，加入适量盐搅匀；待面饼鼓起，用筷子在面饼中央挑起一个"T"形缺口。

9. 从缺口处灌入适量的鸡蛋液，继续小火烙制。

10. 待蛋液微微凝固，翻面烙至底面金黄，即可出锅。

温馨提示：

1. 面团由一半烫面（步骤1）一半凉水面（步骤2）混合做成口感最好。若嫌揉两个面团麻烦，就在一个盆里，一半面粉用热水烫，一半面粉冷水和，然后混合在一起揉成光滑的面团。
2. 面团软一点，口感会更好。
3. 往面饼里面灌蛋液时，可以用漏斗做辅助工具。
4. 烙制鸡蛋灌饼，锅里多用点油会很香。
5. 做好的鸡蛋灌饼，可以选择自己喜欢的酱、菜和肉搭配食用，营养和味道更佳。

红烧肉夹馍

主要原料

红烧肉、辣椒、香菜、面粉、酵母

做法

1. 酵母用30℃左右的水稀释，静置3分钟。

2. 添加面粉，用筷子搅拌成湿面絮。

3. 揉成光滑的面团，盖上保鲜膜放温暖处醒发。

4. 面团醒发至原来的两倍大小，取出揉匀排气。

5. 分割成大小均匀的小面团。

6. 揉匀，擀成圆饼，盖上湿布再次醒发。

7. 待饼坯醒发至面皮膨松，移入饼铛，双面烙熟即可。

8. 红烧肉、辣椒和香菜切碎拌匀。

9. 面饼从中间分割，不要切断，填满馅料，夹而食之。

温馨提示：

判断饼是否熟透的方法：饼边四周摁下去不凹陷，或者用手拍饼面砰砰作响，准保熟透。

花生糖火烧

主要原料

面粉、花生米、白糖、酵母

做法

1. 花生米炒熟凉凉，用擀面杖擀碎，加适量白糖和面粉和匀成馅料。

2. 酵母用温水稀释，静置3分钟，然后添加面粉和少量白糖，揉成光滑的面团，盖上保鲜膜放在温暖处醒发；待面团发至原来的两倍左右大小，取出揉匀排气。

3. 分割成等大的面剂，擀成厚薄均匀的面皮。

4. 加馅料包成圆包子状，收口捏紧，朝下放置，然后擀成饼状。

5. 做好的饼坯盖布放温暖处再次醒发至面皮膨松。

6. 入厚底平锅，小火烙制，待面饼双面烙至金黄取出。

7. 最后可以把所有烙好的火烧在锅内竖立起来一起滚边，直至金黄取出（此步骤也可省略）。

温馨提示：

1. 面团和软一些，烙出的火烧外酥里软且筋道。
2. 烙饼的过程中，可视情况分次沿锅边沥点油进锅，这样烙出的火烧颜色金黄，口感更香。

萨其马

主要原料

面粉、鸡蛋、植物油、白糖、蜂蜜、黄油、葡萄干、熟芝麻

做法

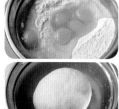

1. 面粉添加鸡蛋，搅拌后揉成光滑的面团；面团盖湿布醒20分钟。

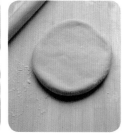

2. 把面团擀成均匀厚薄的面皮，比平常擀面条时稍微厚点就成。

3. 面皮擀好后，均匀撒上一层干面粉防粘连，然后把面皮重新卷在擀面杖上，用刀从擀面杖上纵划一刀。

4. 然后分切成短而窄的面片，再切成粗细均匀的碎面条；面条上再撒上一层干面粉抖散。

5. 面条入锅前需过次筛，筛掉多余的干面粉。

6. 锅内油烧热，下入面条用中火炸至膨松金黄捞出控油备用。

7. 另起锅，把白糖和少量清水用小火熬制，不用搅拌。

8. 熬至糖黏稠，用食指蘸一下，和拇指一捏能拉丝时，添加黄油和蜂蜜，继续熬至锅内起大泡。

9. 把熬好的糖浆倒入炸好的面条中，迅速搅拌，使面条均匀挂浆。

10. 烤盘上抹层油防粘连，然后撒上熟芝麻，趁热倒入搅拌好的面条。

11. 表面撒上一层葡萄干，然后用勺子把拌好的面条压平，或用擀面杖擀平；稍凉后切割，凉透后密闭保存。

温馨提示：

1. 面团不用加水，全部用鸡蛋和面。
2. 白糖、蜂蜜和黄油的用量根据自己的口味调整。我自己的配方是：面粉500克、鸡蛋5个、白糖300克、蜂蜜200克、黄油10克。
3. 面团不宜太硬，要醒透，以便炸熟的面条松脆。
4. 熬糖的时候要用小火，以免煳锅。
5. 注意不要擀压得太结实，以免影响松软的口感。

琥珀核桃仁

主要原料

核桃仁、植物油、白糖、蜂蜜、黄油、熟芝麻

做法

1. 锅内放宽油，冷油下入核桃仁，开火慢炸至熟透，捞出控油。

2. 另起锅，下入黄油、白糖和蜂蜜，小火熬制。

3. 不断翻搅的过程中，糖浆变至透明状，接着变至黄色泡沫状。

4. 此时下炸好的核桃仁慢火翻炒。

5. 待核桃仁均匀裹上一层糖浆后，撒入熟芝麻。

6. 盛出放凉后食用。

温馨提示：

1. 生核桃仁可以采用锅炒、油炸、烘烤、微波等任意方式加热。
2. 炸核桃冷油下锅即可，一定要用小火，既要炸透，还不能炸煳，这样的核桃凉透后才会酥脆。
3. 黄油、蜂蜜和白糖的用量可根据个人口味自由调整。我自己的配方是：核桃仁 250 克、糖 50 克、蜂蜜 30 克、黄油 25 克。
4. 不喜欢黄油的，可只用清水熬糖汁，然后再加蜂蜜，不过这样做没有添加黄油的香。
5. 熬制糖浆的过程不要用大火，勤搅动勤观察，避免糖浆粘锅烧煳。
6. 做好的琥珀核桃仁凉透后食用口感最佳，一次没有吃完，选择干燥密闭的容器保存。

麻 团

主要原料

糯米面、红豆、白糖、南瓜泥、白芝麻、植物油

做法

1. 红豆用清水浸泡一天一夜。

2. 入高压锅，添加刚刚没过的水，开锅后用中火压5分钟。

3. 自然排气后，取出豆子，添加适量白糖，用勺子直接碾压成豆沙。

4. 糯米面添加适量南瓜泥，揉成软硬适中的湿面团。

5. 分割成等大的面剂，擀成厚薄均匀的圆皮。

6. 包入豆沙馅料，用虎口收拢外皮。

7. 在手掌间团圆，放在芝麻碗里滚一圈，沾上白芝麻。

8. 起油锅，油大约烧至六成热时，再次把做好的麻团团圆，下入锅中，中火炸至表面金黄，浮起，捞出控油，装盘。

温馨提示：

1. 做好麻团首先要选好料。为了保证麻团的色泽金黄，质地膨松，除了要选用优质的糯米粉、白糖外，还要选用上等且无杂质的白芝麻。
2. 若是追求极致细腻口感的话，可以在糯米面中适量添加猪油和糖。可按糯米粉500克、白糖100克、猪油50克的比例掌握。糖的用量不可过多，因为在炸制过程中，糖多会影响色泽，另外，若是加糖，需先化成水再加入糯米粉中，否则成品表面会有黑色斑点。
3. 面团太软会使麻团成品塌陷，面团太硬又会增加制坯的难度且成品不易膨松。500克糯米粉添加200克水为宜。
4. 在炸制过程中要不停地用手勺推动并挤压麻团，以使麻团受热均匀避免炸焦。

重庆辣子鸡

主要原料

小公鸡、麻椒、干红辣椒、葱、姜、蒜、熟芝麻、料酒、盐、白糖、植物油

做法

1. 整鸡洗净，沥干，去头去爪子，剁成小块备用；干红辣椒剪成小段、姜蒜切片、葱切段备用。

2. 鸡块用料酒和盐提前腌制入味。

3. 锅内下宽油，油烧热后下入鸡块，大火炸至变色捞出。

4. 再次烧滚锅内的热油，下入鸡块，用大火复炸至表面金黄捞出。

5. 锅内留底油，爆香蒜片，下入麻椒和干红辣椒小火煸香。

6. 下入鸡块翻炒均匀，添加少量糖调味，放入料酒。

7. 下入葱段和姜片继续翻炒，至葱姜变色，撒上熟芝麻即可出锅。

温馨提示：

1. 不用整鸡，用带骨鸡腿肉也不错。
2. 麻椒和干红辣椒可以根据自己的口味添加。
3. 用过的辣椒和麻椒不要扔掉，可以继续用于其他菜肴的制作。

麻辣口水鸡

主要原料

琵琶腿(鸡小腿)、葱、姜、蒜、香菜、八角、麻椒、香叶、桂皮、熟芝麻、盐、料酒、生抽、白糖、醋、味精、辣椒面、植物油

做法

1. 琵琶腿洗净，用少许盐和料酒抹匀，腌制 10 分钟。

2. 锅中注入没过鸡腿的水，添加葱姜和料酒，大火烧开，撇去浮沫，转中火煮6分钟。

3. 关火后盖盖子继续焖 10 分钟，捞出，放入冰水中浸泡 5 分钟。

4. 捞出沥干，手撕成条。

5. 用生抽、白糖、醋、味精调个味汁浇在鸡肉上。

6. 取一只干净耐热的碗，放入辣椒面和少量盐；另起锅烧热，放两大勺植物油，放入麻椒、葱姜蒜、八角、香叶、桂皮小火慢炸出香味。

7. 把热油通过滤网倒入盛放辣椒面的碗中，调和均匀。

8. 取两勺炸好的麻辣红油淋在鸡肉上，撒上香菜和熟芝麻即可。

温馨提示：

1. 鸡腿不要煮过头，断生即可关火，这样鸡肉才会细腻紧滑、脆脆的，不容易散烂。
2. 炸香料的时候，一定要用小火慢炸，不要煳锅。
3. 麻椒和辣椒面的量根据自己的口味自由掌握。

柠檬香烤鸡翅

主要原料

鸡翅中、柠檬、紫洋葱碎、蒜末、小米辣圈、香草碎、盐、蜂蜜、老抽、蚝油

做法

1. 鸡翅中洗净，沥干。

2. 每个鸡翅中内侧划三刀，以便入味。

3. 添加紫洋葱碎、蒜末、小米辣圈、香草碎、盐、蜂蜜、老抽、蚝油拌匀。

4. 挤入半个柠檬的果汁拌匀。

5. 收入密闭的容器，入冰箱冷藏半天，中间翻动一次。

6. 烤箱预热200℃左右，中层上下火烤10分钟，取出均匀刷层味汁（容器中剩下的腌鸡翅的汁水），撒一层香草碎。

7. 10分钟后，取出均匀刷层蜂蜜，继续烤5分钟左右取出。

温馨提示：

1. 具体烤制温度和时间可视烤箱的功率自行调整。
2. 调味用的香料随个人喜好，自由添加或混搭使用都可以。

咖喱鸡翅

主要原料

鸡翅根、土豆、胡萝卜、洋葱、咖喱粉、盐

做法

1. 鸡翅根洗净，沥干备用。

2. 土豆和胡萝卜切滚刀块，洋葱切片备用。

3. 热锅冷油，油热后下入洋葱炒香。

4. 炒至洋葱变透明，下入鸡翅根大火翻炒。

5. 炒至鸡翅根水收干，表面微黄，下入土豆和胡萝卜大火翻炒。

6. 添加没过食材的热水，大火煮开转中火炖煮。

7. 锅内食材煮透时，添加适量盐继续炖煮5分钟。

8. 将咖喱粉（用量可根据自己的口味确定）用少量冷水拌匀。

9. 倒入锅中搅匀，继续小火炖煮5分钟，一边煮一边搅拌。

10. 至锅内汤汁浓稠即可关火。

温馨提示：

1. 咖喱粉需提前用少量冷水搅拌至没有颗粒的状态。
2. 如果是咖喱块，一般不用放盐，并且在第6步热水倒进去之后就可以放了。
3. 咖喱粉下锅后，要时常搅动，以免粘锅。
4. 可以适量添加椰浆或牛奶来增加咖喱的口感和风味。

莴苣小米辣炒鸡心

主要原料

新鲜的鸡心、莴苣、小米辣、小葱、姜、蒜、香菜、花椒、郫县豆瓣酱、料酒、生抽、白糖、盐、味精、植物油

做法

1. 莴苣去皮，切丁；小米辣切圈，蒜切粒，小葱切葱花，姜切丝，香菜切末。

2. 鸡心剪去外层包裹的油脂，纵向剖开，洗净内部瘀血，沥干，大的切四瓣，小的切两瓣。

3. 莴苣入开水中焯一下，迅速冲凉水，沥干备用。

4. 起油锅，把花椒小火慢炸出香味，然后拣出扔掉。

5. 下入一匙郫县豆瓣酱炒出红油。

6. 下入葱姜蒜和少量小米辣炒香。

7. 下入鸡心大火翻炒至变色。

8. 放入料酒和生抽，添加一点点白糖，翻炒均匀。

9. 下入焯好的莴苣，继续大火翻炒1分钟。

10. 调入适量的盐和味精，添加小米辣和葱花香菜，兜匀出锅。

温馨提示：

1. 鸡心外面有一层厚厚的油脂，鸡心里面包裹着瘀血，一定要仔细清理干净。
2. 焯莴苣的时候，水里加一点点盐和一点点油，菜的色泽翠绿。
3. 莴苣焯后马上冲凉，会保持清脆的口感。
4. 鸡心和莴苣下锅时间都不要太久，否则影响口感和风味。

老醋海蜇头

主要原料

海蜇头、黄瓜、香菜、蒜泥、葱段、陈醋、白糖、盐、生抽、味精、香油、植物油

做法

1. 海蜇头冲洗干净后，用冷水浸泡半天，中间换水几次。尝尝稍微有点咸味时，顺着海蜇头的自然纹理撕成小片。

2. 坐锅烧水，把海蜇头倒入热水中焯一下，马上捞出冲凉，沥干。

3. 黄瓜切片铺在盘底。

4. 用陈醋、白糖、盐、生抽、味精和香油把海蜇头拌匀，然后铺在黄瓜上。

5. 锅内倒油，葱段冷油下锅，油没过葱段小火慢熬，待葱段榨干后，剔除葱段，把葱油浇在黄瓜和海蜇头上。

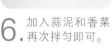
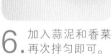

6. 加入蒜泥和香菜再次拌匀即可。

温馨提示：

1. 海蜇头要反复清洗，否则内藏的细沙会影响口感。
2. 在热水里焯海蜇头一定要掌握好时间和火候，水温不宜太高，80℃左右即可，入锅时间不宜太长，三五秒即可，否则影响口感。
3. 陈醋必不可少，而且用量较之其他菜肴应该多些才会提味，不喜欢太酸的可以把糖的量增加。
4. 浸泡之后的海蜇头还是有一定的咸度，要注意把握盐的用量，口味轻的可以省略盐。
5. 只用香油拌一下也可以的，但葱油的加入会让这道菜锦上添花。

啤酒鸭

主要原料

鸭腿、葱、姜、干红辣椒、花椒、八角、生抽、老抽、啤酒、白糖、盐、味精、植物油

做法

1. 葱切段，姜切片。

2. 鸭腿洗净，沥干，剁成大块。

3. 起油锅，油热后爆香葱姜、干红辣椒和花椒八角。

4. 下入鸭块大火爆炒。

5. 至水分收干并煸炒出鸭油，放入生抽和老抽翻炒上色。

6. 倒入没过的啤酒，添加少量糖，大火煮开，转中火慢炖。

7. 汤汁收至大半，调入适量盐继续慢炖。

8. 出锅前添加味精，大火收汁即可。

温馨提示：

1. 鸭腿入锅前一定要沥干，若是用整鸭，需要提前焯水。
2. 鸭腿入锅后一定要大火爆炒，炒到水分收干，炒出鸭油时再添加调味料。
3. 煸炒出的鸭油视情况可以盛出多余部分。
4. 盐不要提前放，等到鸭子炖烂以后再添加。
5. 葱姜和花椒去腥必不可少。
6. 啤酒可以起到很好的提鲜增香作用。

主要原料

水磨年糕、韩国辣酱、卷心菜、胡萝卜、洋葱、葱丝、香油

做法

1. 各种蔬菜切成自己喜欢的条或块状。

2. 年糕在水里煮开。

辣炒年糕

3. 添加两勺韩国辣酱，继续小火滚煮。

4. 至汤汁黏稠，下入各种蔬菜继续翻炒至菜软。

5. 用盐调一下咸淡口味，添加葱丝，滴几滴香油即可出锅，趁热食用。

主要原料

鲜活的大鲫鱼、葱、姜、干红辣椒、八角、黄豆酱、老干妈鸡油辣酱、料酒、白糖、盐、香菜、植物油

做法

1. 鲫鱼宰杀，去鳞去鳍去鳃去内脏，清洗干净，注意腹内的黑膜要彻底清洗干净，沥干备用。

2. 热锅下冷油，油烧热后下入鲫鱼，双面煎至金黄取出。

酱焖鲫鱼

3. 另起油锅，下入葱姜、八角和干红辣椒爆香。

4. 下入两匙黄豆酱和一匙老干妈鸡油辣酱炒出香味和红油。

5. 下入煎过的鲫鱼，放入料酒，添加没过的热水。

6. 大火烧开后，转中火炖至汤汁过半，添加一点点糖和盐调味。

7. 大火收汁，起锅前撒点葱花和香菜。

温馨提示：

黄豆酱和辣酱都有咸味，口味轻的可以不再添加盐。酱的用量请根据鱼的多少来调整，两种酱的比例掌握在2：1正好。

鲶鱼炖茄子

主要原料

鲜活的鲶鱼、紫长茄、葱、姜、蒜、郫县豆瓣酱、花椒、野山椒、香菜、醋、料酒、白糖、盐、植物油

做法

1. 鲶鱼宰杀，去其鳃和内脏、鱼鳍鱼尾，冲洗干净。

2. 水中放醋，然后反复清洗鲶鱼表面的黏液，冲洗干净后，沥干，剁成段。

3. 葱切段，姜切片，野山椒和郫县豆瓣酱剁碎。

4. 起油锅，爆香葱姜蒜、花椒和野山椒。

5. 下入郫县豆瓣酱，炒出红油。

6. 下入切好的鱼段，沿锅边放入料酒和醋。

7. 添加没过的热水，加糖调味，大火烧开。

8. 茄子用手撕成大块，放入锅内，同煮。

9. 中火煮至茄子软烂，试试咸淡，用盐调味。

10. 大火收汁，起锅前加点葱花和香菜碎即可。

温馨提示：

1. 鲶鱼表面的黏液很多，下锅之前一定要把它清除干净，否则易腥。鲶鱼去腥的方法除了用加醋的水清洗，也可以把鲶鱼提前焯下水。
2. 豆瓣酱很咸，需谨慎掌握盐的用量。
3. 鲶鱼本身所含的油脂很多，所以爆锅的时候要少用油。
4. 这道菜要把茄子炖得绵软烂糊才会更好吃。

麻辣水煮鱼

主要原料

鲜活的草鱼、葱、姜、蒜、干红辣椒、麻椒、八角、桂皮、香叶、郫县豆瓣酱、黄豆芽、芹菜、蛋清、淀粉、胡椒粉、料酒、盐、生抽、白糖、香菜、植物油

做法

1. 草鱼宰杀，去鳞去腮去内脏，腹内黑膜一定要彻底清洗干净；用利刀自鱼背处纵向剖开，剔除中间的脊骨。

2. 把剔好的鱼肉用刀斜切成均匀厚薄的鱼片；脊骨剁开和鱼头备用。

3. 片好的鱼片用料酒、盐、生抽和胡椒粉拌匀，然后添加淀粉和蛋清抓匀腌制20分钟。

4. 起锅烧开水，焯烫黄豆芽至熟透，捞出沥干铺在盆底；起油锅，用一点点油把芹菜炒至断生，铺在黄豆芽上。

5. 起油锅，爆香八角、麻椒、干红辣椒、香叶、桂皮和葱姜蒜；添加两勺郫县豆瓣酱炒出红油。

6. 添加热水，下入鱼头和鱼骨大火烧开，继续炖煮10～20分钟，添加料酒、生抽、白糖和盐调味。

7. 把腌好的鱼片一片片挑进锅内，轻轻划散。

8. 大火煮开后，连鱼带汤倒入铺菜的盆中。

9. 另起油锅，下入大部分的干红辣椒段和麻椒，小火慢炸出麻辣香味。

10. 趁热浇在鱼盆里，撒上香菜即可。

温馨提示：

1. 鱼肉无须片得太薄，否则容易碎。
2. 鱼片下锅后，轻轻划散，不要大幅度翻动，也是怕碎。
3. 鱼肉下锅后，煮开锅即可关火，无须久煮，以免影响口感。
4. 麻椒和干红辣椒的用量根据自己的口味而定。
5. 郫县豆瓣酱咸度足够，注意控制盐的添加量。
6. 很忌讳油的，可以省略最后两步，不过味道还是大有区别的。

鲢鱼炖豆腐

主要原料

鲜活的鲢鱼、豆腐、葱、姜、蒜、八角、干红辣椒、郫县豆瓣酱、盐、料酒、白糖、植物油、味精（可以省略）

做法

1. 鲢鱼宰杀，去鳞去鳃去内脏，清洗干净，注意腹内的黑膜要彻底清洗干净，沥干切大段。

2. 起油锅，油热后，爆香葱姜蒜、八角和干红辣椒。

3. 下入三勺郫县豆瓣酱炒出红油。

4. 下入切好的鱼段，放入料酒。

5. 添加没过鱼的开水，大火煮开，转中火炖20分钟。

6. 豆腐切大块，提前用加了盐的热水焯至微浮，捞出沥干，去除豆腥。

7. 添加豆腐，用盐、白糖调味，继续用中火炖至汤汁基本收尽。

8. 起锅前加一点点味精（也可省略），撒上香菜葱花即可。

温馨提示：

1. 郫县豆瓣酱很咸，所以应注意盐量的把握。
2. 水要一次加足，汤汁才足够鲜美。中途如需添加，一定要添加开水。
3. 最后出锅时要保留适量的鱼汤，鱼肉和豆腐浸满汤汁，吃起来鲜美无比。

红烧肉

主要原料

五花肉、八角、桂皮、
香叶、姜、蒜、冰糖、
老抽、生抽、料酒

做法

1. 五花肉切成麻将大小的方块。

2. 入开水中焯一下。

3. 另起锅，不放油，直接烧热，下入焯好的五花肉小火煸炒。

4. 至肉皮表面变黄并逼出部分油脂，倒入老抽和生抽翻炒上色。

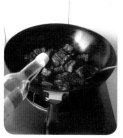

5. 加入料酒。

6. 下入八角、桂皮、香叶、姜蒜、冰糖，添加没过的热水。

7. 大火烧开后，撇净浮沫。

8. 倒入砂锅大火烧开转小火慢炖。

9. 40分钟后添加适量盐，继续小火炖20分钟。

10. 开盖转大火收汁，注意不停翻动，至汤汁浓稠，全部裹住肉块且色泽发亮时，关火。

蜜汁烤肉

主要原料

猪前膀肉，市售烤肉料、蒜、盐、黑胡椒粉、橄榄油

做法

1. 猪前膀肉横切成1厘米左右厚的肉片，蒜剁成蒜蓉备用。

2. 市售烤肉料添加水化开。

3. 把肉片拌入调料中，添加蒜蓉和少许黑胡椒粉、盐充分拌匀；腌制1小时，中间搅拌一次，待调味汁全部浸透，最后添加少许橄榄油拌匀。

4. 把腌制好的肉片平铺在烤盘的锡纸上。

温馨提示：

1. 口味轻者，只用市售烤肉料或烤肉酱即可，口味重者，可以酌情添加盐、蒜蓉和黑胡椒粉等其他调味料。
2. 如果买不到现成的烤肉料或烤肉酱，可以根据口味喜好，用盐、白糖、酱油、蚝油、料酒、辣椒面、五香粉、黑胡椒粉等常用调味料自己调制，配比自由掌握。
3. 肉的腌制时间长点更容易入味。
4. 最后添加少许橄榄油是为了锁住肉内的水分，口感嫩且香。如果用的是五花肉，此步可以省略。

5. 烤箱预热，排入烤盘，230℃上下火烤20分钟即可。

香煎梅花肉

主要原料

梅花肉、料酒（可以省略）、盐、味精、辣椒面、孜然粒、孜然粉、植物油

做法

1. 梅花肉切片。

2. 用料酒（也可省略）、盐、味精、辣椒面、孜然粒、孜然粉抓匀，腌制半小时以上。

3. 热锅下冷油，油烧热。

4. 下入腌好的肉片，中火煎至底面变色后翻面，底面再次变色后，取出。

温馨提示：

1. 肉片可切大片，也可切小片，随意，不影响效果。
2. 若是鲜肉不好切，可以先冷冻一下，更容易切得厚薄均匀。
3. 调味料无须多，以免掩盖肉香，若是新鲜肉，料酒也可省略。

四喜丸子

主要原料

猪肉（三肥七瘦）、豆腐、荸荠、鸡蛋、葱、姜、淀粉、生抽、料酒、盐、白糖、胡椒粉、上海青、植物油

做法

1. 肥瘦肉分别细切成小粒，然后粗略剁一下。

2. 荸荠洗净，去皮，切成细小的颗粒。

3. 豆腐用勺子压成泥；部分葱姜剁成碎末。

4. 以上主要原料混合，添加蛋液和淀粉、生抽、料酒、盐、糖搅拌均匀，分次添加水，沿一个方向搅拌上劲。

5. 手掌抹油，取适量肉馅团成丸子后，左右手掌间摔打丸子至紧实。

6. 锅内放宽油，油七成热时下入丸子，改成中小火炸至表面金黄定形后捞出。

7. 取砂锅，加入炸好的肉丸子，添加葱姜丝、生抽、老抽、胡椒粉和盐糖，添加没过丸子大半的热水，大火煮开后，转小火慢炖。

8. 汤汁收过半时，捞出锅内葱姜扔掉，旺火勾芡。

9. 上海青在添加了油盐的水中焯一下，捞出摆盘，取出肉丸子放中间，浇上汤汁即可。

温馨提示：

1. 纯手工制作的肉馅比机器搅的口感要好。
2. 肥瘦肉按比例搭配比用纯瘦肉口感更香嫩，三七开就不错，也可以根据自己的喜好调整比例。
3. 肉馅讲究细切粗剁，不要剁成肉糜。
4. 没有荸荠，可以适量添加藕、香菇、冬笋等，借以解腻增鲜。
5. 搅拌肉馅时，水要一点点添加，并按一个方向搅上劲。
6. 团丸子时，手掌上先抹油不容易粘手，易于操作。
7. 丸子整好形后，要左右手不停地倒手摔打，这样才可以使丸子紧实。
8. 油热后再下丸子，这样丸子才容易定形。
9. 葱姜切丝提前泡水，然后把葱姜水添加进肉馅，比直接添加葱姜末的效果要好。

黄豆酱炖排骨

主要原料

排骨、黄豆酱、葱、姜、干红辣椒、八角、香叶、盐、白糖、料酒

做法

1. 排骨凉水下锅，煮开后捞出，用温水冲洗净浮沫，沥干备用。

2. 葱姜、干红辣椒、八角、香叶铺在高压锅底，倒入排骨，添加没过的热水。

3. 添加适量的盐、黄豆酱、料酒和一点点白糖，开大火，上气后转中火压5分钟关火，自然排气后取出。

温馨提示：

1. 高压锅自然排气后，打开锅盖，捞出排骨单放，然后撇去汤汁表面的油花，盛出部分排骨汤浇在排骨上，吃起来鲜香不油腻。
2. 剩下的排骨汤做面条是最棒的。等排骨汤凉透后，把表面凝固的油脂捞出，下顿可以敞盖滚煮，然后添加适量热水稀释，只用盐调一下咸淡口，还可以选择自己喜欢的蔬菜添加在汤里煮，白菜、土豆、芸豆或油菜都不错，其余调味料无须添加。煮好的面条浇几勺这滚烫鲜美的排骨汤，再撒点葱花香菜，美味至极。

香菇豆豉蒸排骨

主要原料

干香菇、排骨、葱、姜、蒜、豆豉、淀粉、料酒、盐、白糖、植物油

做法

1. 干香菇冲洗后，用冷水泡发至软。

2. 排骨冲洗干净后，用冷水浸泡，水中加点料酒，去除血水。

3. 葱姜蒜和豆豉切碎。

4. 起油锅，油热后，小火炒香葱姜蒜和豆豉。

5. 浸泡好的排骨沥干，加淀粉、盐、白糖和料酒拌匀。

6. 添加炒好的调味料拌匀，腌制15分钟入味。

7. 发好的香菇挤干，铺在碗底，上面铺上腌好的排骨。

8. 入高压锅，隔水压制，上气后转中火继续压5~8分钟关火，自然排气后取出，拌匀，撒上葱花即可。

温馨提示：

1. 用肋排最好。
2. 排骨块小点好，一是易熟，二是易入味。
3. 喜欢口味丰富的，可以添加生抽、老抽或辣子，但只用盐糖调味的，肉香和菇香更纯粹。
4. 喜欢汤汁多点的，可以把泡发香菇的水沉淀后，加些进去。
5. 香菇若是大朵的，撕成小块更容易入味。

滑子蘑玉米炖排骨

主要原料

排骨、干品滑子蘑、新鲜玉米、海天黄豆酱、料酒、姜、葱、盐

做法

1. 滑子蘑冲洗之后，用冷水提前浸泡至软，清洗干净，捞出攥干备用。

2. 排骨冲洗干净，添加没过的水，大火煮开，继续滚煮5分钟，添加料酒，撇去浮沫。

3. 捞出，用温水清洗干净，沥干备用。

4. 玉米去皮去须，剁成小块。

5. 排骨、发好的滑子蘑和切好的玉米放入高压锅。

6. 添加姜、葱、水、料酒及海天黄豆酱。

7. 大火烧开，上气后转中火继续压10分钟。

8. 关火后自然排气，用盐调味，最后撒点葱花即可。

温馨提示：

1. 干品滑子蘑提前浸泡至软，入锅之前要攥干，这样滑子蘑更容易入味。
2. 浸泡滑子蘑的水经过沉淀后，可以加入锅中。

水煮虾

主要原料

海虾、豆腐、白菜、粉丝、小葱、姜、蒜、香菜、花椒、干红辣椒、郫县豆瓣酱、高汤、料酒、胡椒粉、白糖、盐、味精、植物油

做法

1. 豆腐切块后，在加了盐的热水中焯至微浮，捞入砂锅。

2. 粉丝在开水中烫一下，换凉开水浸泡5分钟，捞出铺在豆腐上。

3. 海虾剪去虾枪（虾头上的硬刺）和虾须，开背，挑去虾线，用料酒和胡椒粉腌一下。

4. 葱姜和干红辣椒切段，蒜拍碎后剁成蒜末备用。

5. 起油锅，油热后先下白菜帮，后下白菜叶爆炒，至白菜变软变色盛出，铺在砂锅内的粉丝上。

6. 另起油锅，油热后，下入郫县豆瓣酱炒出红油和香味；下入葱姜和一半的蒜末炒香。

7. 添加适量开水和部分高汤，大火煮开后，继续滚煮5分钟出味。

8. 捞出葱姜等杂物，添加料酒、糖、盐、味精调味，加入海虾，大火煮开。

9. 继续滚煮1分钟出虾油，然后把虾摆入砂锅内，把锅内的汤汁倒入砂锅。

10. 虾上撒入剩余的蒜末，另起油锅，炸香干红辣椒段和花椒，趁热浇在蒜末和虾上。

11. 撒上香菜即可。可把砂锅烧热后上桌。

温馨提示：

1. 粉丝提前用温水泡软即可，否则入锅时间太长，口感太过软烂。
2. 炸干红辣椒和花椒时，一定要用小火，不要炸煳。
3. 配菜的选择可以根据个人喜好而定。
4. 辣椒和花椒的用量可以根据个人口味调整。

宫保虾球

主要原料

虾、花生米、干红辣椒、花椒、葱、姜、蒜、料酒、盐、水淀粉、生抽、老抽、米醋、白糖、味精、植物油

做法

1. 花生米洗净，晾干，凉油下锅，小火慢炸至噼里啪啦响过，关火捞出凉凉。

2. 虾去头、去壳、去虾线，用刀沿虾背纵向切开，但不要切断，切开二分之一就好。

3. 虾肉用料酒、盐、水淀粉拌匀，添加一点点油腌制5分钟。

4. 葱白切段、姜蒜切片盛入碗中，添加生抽、老抽、料酒、米醋、糖、味精和水淀粉兑好碗汁。

5. 起油锅，下入干红辣椒和花椒，用小火慢炸出香味。

6. 下入腌好的虾肉，大火翻炒至虾球变色成形。

7. 下入碗汁内的葱姜蒜大火翻炒。

8. 倒入碗汁，翻炒至酱汁将所有的虾肉裹紧。

9. 倒入炸好凉凉的花生米，兜匀出锅。

蒜蓉烤虾

主要原料

冰鲜对虾、葱、姜、蒜、橄榄油、料酒、盐

做法

1. 冰鲜对虾自然解冻。

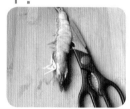

2. 剪去虾枪和虾须，用剪刀沿虾的脊背处剪开至虾尾，用牙签剔除虾线。

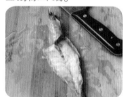

3. 用刀把虾肉纵向切开，但不要全部切断，然后展开，再横向拍一下虾肉。

4. 用盐和料酒涂抹虾肉，腌制10分钟。

5. 把葱姜蒜剁成蓉拌在一起，添加橄榄油搅拌均匀。

6. 将虾平展铺在烤盘内的锡纸上，将拌好的葱姜蒜蓉均匀摊平在虾背上。

7. 烤箱中层，200℃上下火，烤约15分钟即可。